まちづくりの仕事ガイドブック

饗庭伸
小泉瑛一　編著
山崎亮

まちの未来をつくる63の働き方

学芸出版社

まえがき

まちづくりという言葉は戦後に生まれた若い言葉であるが、法律や制度の中で最初に定義されて使われ始めた言葉ではない。「まち」と「つくる」という二つの簡単な言葉の組み合わせは、簡単であるがゆえに、人々の口から口へと次々と渡り、今ではあちこちで使われる言葉になった。

まちの人たちとともに特産物を掘り起こして小さなビジネスを立ち上げるのも、土地の所有者とともにまちに必要なオフィスビルを開発するのもまちづくり、朝食を食べられない子どもたちに食事を提供するのも、災害後に区画整理事業を使って災害に強いまちとして復興するのもまちづくりである。取り組むべき課題も、それに対する現場の取り組みも、尽きることなく増え続けている。

この本には、こうしたまちづくりの広がりの中で生まれてきた六三の仕事が収められている。誕生して間もない仕事も多くある。まちづくりは若い言葉であり、専門職としてスタイルや方法が確立された仕事だけでなく、さまざまな課題に柔らかく創造的に取り組む仕事を多く取り上げた。

ここでは六三の仕事を五つのカテゴリーに分けて紹介している。「コミュニティとともにプロジェクトを起こす」では、コミュニティという最前線の中で取り組まれている一四の仕事を、「まちの設計・デザイン」では、まちづくりに形を与える一二の仕事を紹介する。「土地・建物を動かすビジネス」では、土地や建物を整え、流通させていく一一の仕事を、「まちづくりを支える調査・計画」では、まちの課題の分析や計画立案を支える一二の仕事を、「制度と支援のしくみをつくる」では、まちづくりそのものを支える環境をつくる一四の仕事を紹介する。五つのカテゴリーは厳密なものではなく、これらをあくまでもガイドとして使うことにより、気になる仕事を見つけてほしい。

それぞれのカテゴリーの中は三つに分かれている。「パイオニア」はそのカテゴリーの仕事や、そのカテゴリーでの経験をもとに新しい仕事を切り開いてきた開拓者へのインタビュー記事である。個人に焦点を当てた記事であり、読者は自身のキャリアを考える参考にしてほしい。

それに続くのが、それぞれの仕事の概要を見開きで紹介する仕事ガイドであり、それぞれの現場の第一線で活躍している方に執筆をお願いした。気になるところを開いて読むだけでなく、あわせて前後のページを読むことにより、さまざまな仕事のヒントを得てほしい。

「ベンチャー」は生まれたばかりの新しい仕事を取り上げている。一般解ではなく、固有の組織に焦点を当てた記事であり、読者には新しい仕事が生まれて成長するダイナミズムを感じてほしい。

まちづくりの仕事をする、ということは、自分の人生の持ち時間をまちのために使い、その対価で自分の人生を組み立てる、つまり、自分とまちの間で経済をつくるということである。それぞれの人が小さな経済をつくることが、まちの経済の仕組みのバランス回復につながり、そこに、ほとんどの日本のまちがまだつくりえていない、持続可能な経済が現れてくるはずである。

この本が、読者がまちの経済の主体となる第一歩を踏み出すきっかけになることを期待している。

二〇一六年八月　饗庭伸

目次

CHAPTER 1 コミュニティとともにプロジェクトを起こす

CHAPTER 2

まちの設計・デザイン

CHAPTER 3

土地・建物を動かすビジネス

CHAPTER 4

まちづくりを支える調査・計画

CHAPTER 1

コミュニティとともにプロジェクトを起こす

たくさんの人と会い、皆のためになることを考え、多くの人とともにそれを実現していくのがまちづくりである。その中でも人や地域との出会いから何かを始める現場の最前線にある仕事を紹介する。他の仕事ほど、専門の職能がはっきりと確立されていないし、資格があるわけでもない。挑戦的な仕事が多いが、まちづくりの誕生の喜びと、それがどこに転がっていくかわからない面白さに出会える仕事である。[饗庭伸]

パイオニアインタビュー

地域デザイナーという仕事をつくる

富山県氷見市 都市・まちづくり政策監

浅海義治

あさのうみ よしはる／ 1956 年福岡県生まれ。北海道大学農学部農学科卒業。ランドスケープデザイン事務所勤務後、アメリカの大学院とコンサルタントで市民参加の実務経験を積む。1991 年から世田谷まちづくりセンター設立に携わり、2005 年まちづくりセンター所長、2015 年世田谷トラストまちづくり統括課長を経て、2016 年から富山県氷見市都市・まちづくり政策監。

「参加のまちづくり」という専門職を築く

僕は現在、氷見市役所の「都市・まちづくり政策監」という行政職員の立場に就いていますが、その前は、世田谷区設置の中間支援組織「まちづくりセンター（後の世田谷トラストまちづくり）」で二五年間仕事をしました。アメリカと日本で、都市計画やランドスケープデザインの民間コンサルタント事務所の経験を積んだ後、中間支援組織、そして行政に移ったという職歴ですが、一貫して取り組んできたのは、参加・協働による地域デザインです。さまざまな国、立場で経験したことがまちづくりのコーディネートに役立ってきました。

学生時代は北海道大学農学部で緑地計画を学びました。卒業後はランドスケープデザインの事務所に入社し日本とマレーシアでの仕事に関わったのですが、二年ほど働くうちに、日本で学んだ環

浅海義治さん。世田谷まちづくりセンターなどで25年以上、参加のまちづくりを進めてきた

境デザインの常識はマレーシアで通用するものではないことに気づきました。さらに、計画やプロジェクトの意味を見出すための市民とのコミュニケーションの難しさも経験しました。そこで個々の気候風土や暮らし方の視点からプロジェクトを発想したり、地域に本当に必要なものを導き出す市民参加の手法をきちんと学びたいと思うようになり、カリフォルニア大学バークレー校の環境デザイン学部大学院に入りました。

大学院の「Urban and Community Design」というコースで、「都市および地域計画」と「ランドスケープアーキテクチャー」を修了した後、地元のコンサルタント事務所MIGに勤めました。市民参加の都市計画や子どもの環境デザインを専門に手がけるところで、ファシリテーションや参加のプロセスデザイン、プロジェクトマネジメントの実務経験を積みました。

「世田谷まちづくりセンター」のスタート

一方、一九八〇年代後半、東京の世田谷区で「まちづくりセンター構想」が始まり、アメリカのまちづくり事例を調べるツアー企画がＭＩＧに依頼されました。僕が二〇人ほどの調査チームを全米の現場に案内したのですが、これが世田谷の主要なまちづくり関係者に出会うきっかけとなりました。その後、帰国が「世田谷まちづくりセンター」の設立時期と重なったことでお誘いを受け、一九九一年の立ち上げ準備から専門スタッフとして携わることになったのです。

そもそも世田谷区は一九八〇年代より市民参加型まちづくりに取り組んでいましたが、「参加から協働へ」をスローガンに、住民主体のまちづくり活動を支援する組織として「世田谷まちづくりセンター」を一九九二年につくったわけです。日本では「ＮＰＯ」という言葉もない時代に、地域まちづくり活動を支援する「非営利専門組織」の普及を目指したことや、行政の縦割りに縛られないまちづくりを理念に掲げたことは先駆的だったと思います。

「世田谷トラストまちづくり」に移行した後の一〇年間も加えると、設立以来二五年間、まちづくりセンターの仕事に関わってきたことになります。最初は四人でスタートしましたが、最終年には二〇人にスタッフが増え、僕は全体を統括する立場になっていました。

すべての仕事を手探りで立ち上げる

ただ、まちづくりセンター設立当初は具体的な事業計画が描かれていたわけではなく、住民、行政、企業の三者の中間に立ち「市民まちづくりを支援すること」というミッションだけが与えられた状況でした。そこで手探りでまちづくりセンターの活動スタイルを構築してきました。まちづくりコンクールの開催、ワークショップによる公共施設づくり、まちづくりファンドによる活動助成など、まちに関心を持ってもらうきっかけづくりから、まちづくり現場のコーディネート、そして市民活動への支援やネットワークづくりまで、取り組むべき仕事を開拓してきました。公開審査会方式の「まちづくりファンド」運営や、『参加のデザイン道具箱』という書籍の発刊とワークショップの全国普及など、時代を拓く貢献もできたと思っています。

数多くの市民参加プロジェクトを区役所の多様な部署と連携して進めた共有体験は、まちづくりセンターが行政からの信頼を得るうえでも大いに役立ちました。市民の中にもまちづくり理念に共感してくださる方々がいて、僕らの相談に乗ってもらえる人の層も厚かったのです。まちづくりセンターの仕事はそういった世田谷という地域のポテンシャルに支えられていた部分が大きいです。

まちづくり中間支援組織の三つの仕事

「世田谷まちづくりセンター」が一貫してテーマにしてきたことは、「パブリックの新しいカタチ」を実践し築くことだと言えます。そのために三つのアプローチを行ってきました。

一つ目は、公共施設の中に市民活動の基盤を築いていく仕事。たとえば、「ねこじゃらし公園」や「桜丘すみれば自然庭園」では、市民とともに計画から管理運営形態も含めた新しい公共施設像を一緒につくってきました。ワークショップの場で議論を深める問いを投げ、市民と行政、設計者の対話の関係をつくり、現場を持続的に育むためのコミュニティを編んでいく。ここでの僕の立場は、ファシリテーターでありプランナーです。

二つ目は個人の家や庭を地域の居場所（パブリックな場）にしていく仕事です。空き家や空き部屋を地域に開いて子どもの居場所や地域交流拠点にする「地域共生のいえ」や、個人の庭を地域に解放する「市民緑地」や「小さな森」などの創出を後押しする仕組みをつくりました。各々が持つ地域資源をみんなでシェアしていく動きをまち中に広げる取り組みです。世田谷区内には、このような場所が五〇以上もできていて、コミュニティや共助の精神を育む場となっています。「まちがこうなると面白いよね」ということを市民に投げかけながら、共感の輪を広げていく、ある意味運動家のような役割を担いました。

三つ目は、上記のような市民活動の芽を掘り起こし成長を支える仕事です。「世田谷まちづくりファンド」の助成制度を通じて活動の相談に乗り、一歩を踏み出すための援助や行政との橋渡しを行い、ネットワークづくりの窓口となってきました。これまで三〇〇団体以上の市民活動を支援してきました。子育て支援、多世代交流、高齢者の元気づくり、みどりや景観の育成など、世田谷ならではのユニークな活動が育っています。僕自身も常にアンテナを張ることで、人と人の化学反応を促し、価値を生み出す出会いの場づくりに努めました。

実験的な取り組みから事業や制度をつくっていく

これらまちづくりセンターの役割は、現場で走りながらつくってきました。必要だと思うことに実験的に取り組み、その結果をもとに事業や制度

自己所有の建物を活用した場づくり活動「地域共生のいえ」。「岡さんのいえ TOMO」（世田谷区上北沢）での活動日の様子（写真提供：一般財団法人世田谷トラストまちづくり）

のカタチにフィードバックするスタイルです。市民まちづくりの支援組織は何をすればいいのか、誰もわかっていなかった時代なので、ゼロから考え、自由に挑戦することができたのは、幸運でした。

ちなみに、ファシリテーターとプランナーの二つの役割を担う民間の仕事にコンサルタントがありますが、まちづくりセンターのような中間支援組織との違いは何でしょう。中間支援組織の大きな特徴は、継続的に地域の窓口として存在することで、多様な市民活動の情報集積センターとなりうることです。多様な市民との顔の見える関係は、プロジェクトのコーディネートに必要ですし、幅広い活動ネットワークが新しい事業構想や立ち上げに活かされることも少なくありません。

民間のコンサルタントの持つ問題分析力や提案

力といった専門性を現場でカタチにしていくうえでも、地域の人々の協力関係を築き、下支え役や旗振り役となって、活動を進めていくのが中間支援組織の役割です。

まちをパブリックに開く、地域デザイナーの仕事

世田谷に限らず、今後のまちづくりでは民間の空間がもっともっとパブリックに開いていけばいいと思います。その延長線上に新しいコミュニティや地域像が描けるはずです。「地域共生のいえ」のように、家主の想いに応じた自由な形の多様なアクティビティがあって、徒歩圏内のコミュニケーションやサービスが活発化しているイメージです。

二〇一六年の春から僕は氷見市に転職しましたが、ここでは人口減少と旧市街地の空洞化に加え、市民病院や市庁舎の移転、市民会館の閉鎖や小学校の廃校などによって、まちの中心部に大規模な公共未利用地が生まれています。一方で、一五分圏に里海と里山の恵まれた自然が共存し、風情のある町家や集落が残っています。氷見らしいライフスタイルや持続可能な地域像を、市民とともに考え創造していくのが僕の仕事です。

世田谷や氷見に限らず、地域福祉の課題や、空き家・空き地問題は全国の地域で顕在化しています。全国各地で現場を動かしている人が、解決策や先行事例を情報発信し共有していけるといいし、それが必要だと思います。

まちづくりの仕事の醍醐味は、いつも新鮮味をもって仕事に向き合えることです。毎回の仕事は、そのテーマや背景も違えば、手を組む相手も変わります。定型化ができないので、常に学ぶ要素があり新鮮なチャレンジを楽しめる。毎回、自分に

ない発想の持ち主と出会え、地域の暮らしのスタイルやコミュニティの成り立ち方をより深く知ることができることも、この仕事の面白さです。そんなことを長年続けていると、関わった地域に知り合いが増える。すると自分の中に地域への帰属意識が育ってくるのです。たくさんの故郷や第三の居場所ができるようなものです。その地域が面白くなると、自分の生活も一緒に豊かになっていく。「住む地域で働く」あるいは「住む感覚で働く」仕事スタイルを僕は常に意識しています。

専門性と広い視野を身につけることから

まちづくりの現場で自分の力を発揮するには、まずはベースとなる専門性をきちんと身につけることが重要です。そのうえで、市民参加のファシリテーションなどを学ぶといいでしょう。ベースがないと、みんなから言われたことをただ取りまとめるだけの役割になってしまいます。専門性に基づいたプランナーとして、先を見極めつつファシリテーションや提案をしていくことが必要だと考えています。

そのためには、日ごろから、他の分野やセクターの人々との交流を心がけるとともに、若いうちからいろいろな世界に触れておくといいでしょう。僕の場合はマレーシアやアメリカで、日本にはないまちの光景に触れ、たくさんのとんがった人たちに出会い、先進的な発想を学びました。そこで得た夢や理想像を自分の引き出しに蓄積しておいて、仕事をしながらチャンスがやってきたらその種を出すのです。未来予測が難しい今、常識を疑ってかかる姿勢も求められます。異なる世界に触れてそういった眼力や自信を養ってください。

2016年4月24日、氷見市役所にて（聞き手：饗庭伸、構成：苫米地花菜）

コミュニティデザイナー

最近、さまざまな分野で「参加」がキーワードになっている。医療は「患者参加型」になり、福祉も「地域参加型」を目指す。保健もヘルスコミュニケーションを参加型で行うし、まちづくりも「住民参加型」で進められる。教育は生徒や学生が参加するアクティブラーニングが基本となり、芸術も参加型アートや地域アートが盛んになった。環境保全や防犯・防災には住民参加が不可欠だ。マーケティングも「消費者参加型」が主流となりつつあるし、金融はクラウドファンディングなどの参加型投資が増えている。情報は視聴者参加型になり、SNSなど参加型メディアの勢いは留まるところを知らない。いわば「大住民参加時代」の到来である。

こうした「参加の仕組み」をデザインするのがコミュニティデザイナーの仕事である。規模の大きなものから挙げれば、地球環境についてみんなで考えることもあるし、まちづくりについて話し合うこともある。公共施設の設計に際して近隣住民が話し合うこともあるし、地域で行うイ

ある一日の流れ

8:00 起床⇒ 10:00 取材対応⇒ 13:00 打ち合わせ⇒ 18:00 ワークショップ⇒ 24:00 就寝

働き方満足度★★★★★　収入満足度★★★★★　生活満足度★★★★★

ベントについて考えたり実行することもある。みんなでアート作品をつくったり、特産品を開発したり。私が代表を務めるstudio-Lは、住民参加型の公園づくりからコミュニティデザインの仕事に携わるようになり、デパートや商店街や寺院や生協でも仕事をするようになった。これからは地域包括ケアの時代を見据え、住民参加型の医療や福祉や保健の実現に関わりたい。

住民参加の話し合い（ワークショップ）によって新しいアイデアを生み出すためには、話し合いの方法自体を変える必要がある。話し合う場所を変えたり、座席の配置を変えたり、写真やイラストを使ったり、現場で活動しながら話し合ったりする。また、話し合うために集まった人たちが仲良くなるようなきっかけをつくったり、組織化のためのゲームを行ったりする。さらに、地域で活動する他の団体を把握し、相互に紹介して新しい活動を生み出すこともある。

この種の方法については、これまでにアイスブレイクやチームビルディングなどさまざまなものが紹介されている。ただし、これらは概ね海外の先進国から輸入されたものであるし、国内でも、都市部、郊外部、中山間地域、離島などの地理的特徴や、高齢者、若者、障害者、女性、子どもなどの参加者特性はさまざまだ。条件が変わればワークショップの内容も変える必要がある。

さまざまな分野に関わり、多様な専門家と協働し、地理的特徴や参加者特性に応じて対話や組織化の方法を変えるコミュニティデザインの仕事は、来るべき「大住民参加時代」のまちづくりにおいてますます求められることになるだろう。

山崎亮 やまざきりょう／1973年愛知県生まれ。コミュニティデザイナー、studio-L代表、東北芸術工科大学教授（コミュニティデザイン学科長）。地域の課題を地域に住む人たちが解決するためのコミュニティデザインに携わる。著書に『コミュニティデザイン』『ソーシャルデザイン・アトラス』『ふるさとを元気にする仕事』ほか。バイト経験／飲食業など。週休／不定休。休日の過ごし方／原稿執筆。

まちづくりセンター〈NPO〉

日本では一九九五年以降、まちづくりの支援センター（まちづくりセンター、市民活動センター等、名称はさまざま）の設立が進んでおり、少なくとも国内四〇六の組織がある。当時から、市町村が設置をして運営を民間（NPO等）に託す公設民営型の支援センターが多く、同時に拠点となる施設の整備も進められてきた。二〇〇三年の指定管理者制度（公の施設の管理運営を、NPO法人等の民間団体に包括的に代行させることができる制度）導入を契機に、支援センターの建物管理とソフト事業実施の両方をNPO等が請け負う例が増えている（たとえば、愛知ネット、せんだい・みやぎNPOセンター）。私が事務局を務めるNPO岡崎まち育てセンター・りた（以下、りた）は、こうした「公設民営」「指定管理者」の支援センターの一つだ。

私は、大学院で住民参加による空間デザイン、まちづくりを学んだ後、東京の建築事務所で働き始めたのと同時に、故郷・愛知県岡崎市にて、天野裕氏（当時・東京工業大学博士課程、岡崎

ある一日の流れ

7:00 起床⇒ 8:30 出社⇒社内打ち合わせ・行政担当者との会議・まちづくりワークショップの実施および記録作成⇒ 19:00 退社⇒ 20:00 帰宅⇒夕食・テレビ鑑賞⇒ 24:00 就寝

働き方満足度★★★★☆　収入満足度★★★☆☆　生活満足度★★★☆☆

市出身）とともにボランティアでまちづくりを開始した。この頃に岡崎市役所職員の方々と知りあったことがご縁で、後に市がまちづくりの支援拠点施設を新規に開設する際に声をかけてもらった（二〇〇四年）。

その施設の運営業務を受託するための受け皿として設立したのがりたである。主な業務内容は①施設窓口での相談対応、施設内でのセミナーやイベントの企画運営、②建物の管理、③まちづくりの現場でのコンサルティングやワークショップの企画運営、である。

りたのような、特定の地域（市町村）に密着して、拠点施設を持ち、継続的にまちづくり支援に携わる仕事の醍醐味は「市民や行政とのネットワーク形成が積層化して、以前できなかったまちづくりが数年後にできるようになる」といった、都市の成熟と自団体の成長を同時に体感できる点にある。

市民層では、子どもや高齢者支援に携わっている人、歴史資源や自然環境を育む活動に携わっている人等、いろいろな人たちとの出会いがある。行政では、市民活動、都市計画、公園緑地、防災や福祉など多様な部署とのつながりができる。まちづくりセンターは、こうした多種多様なつながりを駆使して、その地域に固有で魅力的な都市の空間や風景を市民とともにつくる。

まちづくりセンターに求められる仕事は増えている一方、経営の厳しいところが多い。まちづくりセンターで働きたいならば、事業開発能力の高い支援センターの求人を探すことが重要だ。

三矢勝司 みつや かつし ／ 1975年生まれ。まちづくりコーディネーター。NPO岡崎まち育てセンター・りた事務局次長。千葉大学大学院建築デザイン専攻修了後、建築事務所やNPOでの勤務を経て、りたを設立。著書に『協働都市文化をもたらす図書館づくり』。バイト経験／塾講師。週休／2日。休日の過ごし方／寝る。

まちづくりセンター〈自治体〉

「まちづくりセンター」をネット検索すると①市町村の出先施設（出張所等）、②中心市街地の事業拠点、③市民活動支援拠点など、多様な拠点がヒットする。中でも本稿では、都市空間・環境の維持・改善・創造等に向けた、市民が主体のまちづくり活動への支援を主な目的とした拠点を対象とする。このような拠点は、一九九〇年代前半に東京都世田谷区、神戸市がさきがけとなり、その後、京都市、名古屋市、練馬区などに設置された。共通するのは、市区町村の都市整備部局を所管として設置された外郭団体が運営している点である。

センターの業務には、まちづくり活動に対する活動支援、普及啓発を中心に、地域課題に関する調査研究・解決のための事業、行政事業の市民参加に関するコーディネートなどがある。活動支援とは窓口相談、活動場所・機器等貸与、専門家派遣、資金提供など必要な資源の提供、普及啓発とは講演会・研修会・ワークショップ等を通じた市民への情報提供である。また、地域課題

ある一日の流れ（センター勤務時、早番のとき）
7:00 起床⇒保育園へ子どもを送り 8:30 出社⇒会議・現場打ち合わせ・資料作成・連絡調整⇒ 18:00 退社⇒保育園へ子どもの迎え⇒ 18:30 帰宅⇒夕食⇒ 23:00 就寝（夜は地域の会合に出ることもある）
働き方満足度★★★★★　収入満足度★★☆☆☆　生活満足度★★★★☆

に関する事業は、京都市景観・まちづくりセンターの京町家保全・再生事業、みどりのまちづくりセンター（練馬区）のみどり事業などがある。

センター在籍時、私はまちづくり団体との日常的な対話を踏まえた専門家派遣や情報提供等のコーディネート、市民向けの講座や研修会の企画・運営、行政事業における市民参加プログラムの企画・運営、また地域課題に関する調査研究（都市農地や市街地形成史）を担当した。

ここでの仕事の魅力は、地域からの小さなつぶやき（相談）から計画策定、さらに日常的な活動まで地域まちづくりの全体プロセスに関われること、そして多様な市民、行政のさまざまな部署、民間企業（専門家、地元企業など）など多様な主体と仕事をすること、さらにニーズ等を踏まえて、支援、普及啓発等の事業を企画できることである。

また業務の主な対象は、「空間」であるとはいえ、景観、歴史・文化、農地、防災、ユニバーサルデザインなど広がりがある。さらに「空間」に限定されない幅広い分野（福祉や教育など）も対象となる。よって最近では、スタッフには、都市空間に関わる分野（建築・土木・造園など）以外の出身者が増えている。

スタッフは、市町村からの派遣者と組織が雇用した人で構成されることが多い。後者を採用する拠点では公募もある。とはいえ毎年募集ではなく、欠員などがあったときに募集されることが多い。まちづくりセンターで働きたい場合は、採用予定を直接問い合わせてもよいだろう。

杉崎和久 すぎさき かずひさ ／ 1973 年生まれ。法政大学法学部教授。東京大学大学院都市工学専攻博士課程満期退学後、練馬まちづくりセンター、京都市景観・まちづくりセンターを経て、現職。著書に『市民参加と合意形成』（共著）等。バイト経験／コンサルタント、塾講師、競馬雑誌配送等。週休／２日。休日の過ごし方／新しい場所をめぐること。

まちづくり会社

まちづくり会社の定義は難しいが、ここでは中心市街地活性化基本計画に基づく会社であり、行政と地元経済界の両方から出資を受けた会社とする。現在、全国で一五〇ほどのまちづくり会社があるが、活躍どころか実働できているところは私の実感として一〜二割程度である。

問題は明白で、会社をつくることが目的になってしまっているからだ。突然会社ができても事業はない。当然人は雇えず、市や商工会議所の職員のフォローによってまちづくり会社をスタートさせるが、既存の団体を中心にいくら頭を捻っても、しがらみを打ち破ったり、独創的なアイデアを生んだりはできない。当然事業は生まれず、職員は雇えない。いつのまにかまちづくり会社は職員ゼロのペーパーカンパニーと化す。負のスパイラルである。しかし、かといってただひたすらに金儲けに走ってまちづくりがおろそかになってはいけない。右手でお金を稼ぎながら、左手でまちづくりをするという、一見不可能なことを両立させていくことが求められている。

ある一日の流れ

5:00 起床⇒ **6:00** 消防訓練⇒ **8:30** 出社、朝礼⇒**午前** 指定管理施設巡回・テナント巡回・各商店巡回⇒ **12:00** 昼食を食べながら経営者と打ち合わせ⇒**午後** 市役所、商工会議所にて打ち合わせ・JA ファーマーズマーケット巡回⇒ **19:30** 商店街会合に参加⇒ **21:00** 商店主らと飲食店をはしご⇒ **24:00** 帰宅、就寝

働き方満足度★★★★★、収入満足度★☆☆☆☆、生活満足度★★★★★

まちづくり会社の仕事は、中心市街地活性化において、行政が作成した基本計画に魂を吹き込むことである。ハードが立派でもそうでなくても、利活用の方法次第で無用の長物にもなるし、賑わいをつくることもできる。私の所属する会社の事業では、二つの公共施設の管理運営と五軒のテナント管理が大きいウェイトを占めており、他にウェブでの情報発信や、地元ブランドの商品開発・販売、さまざまなイベントの企画・運営など、活動は多岐に渡る。

またたとえば、昔の因縁などささいなことで協力し合えない商店街を、第三者であるまちづくり会社がきっかけをつくって連携させる、あるいは若い創業者たちにしがらみの塊である商店街や商工会に入るメリット・デメリットを客観的に説明する、といったこともする。まちにはまちづくりをしたい人が溢れている。それぞれ主役になりたがっている彼らがうまく連携し活動できる仕組みづくりが重要である。野球に例えるなら、球場をつくるのが行政（自治体）、まちづくり会社はグラウンドキーパーだ。プレイヤーは、市民や商店主一人一人。彼らが気持ちよく伸び伸びと活躍できる舞台を整え、支えるのが最も大切な仕事なのだ。

問題は山積みだが、やりがいはある。市長や行政の幹部と激論を交わし、地域の経済界の中心にいる名士たちと酒を酌み交わし、ときには叱られながら、まちの将来を熱く語りあえる。こんな仕事、なかなかない。会社に入って七年、この仕事で、市内の誰にも劣らない人脈と多くの知恵を得た。これは将来、何物にも代え難い財産となり、次のステップへの大きな武器になるだろう。

石上僚 いしがみりょう／1979年生まれ。まちづくり会社マネージャー。大阪市立大学中退。在学中にアルバイトから始めた大手カラオケチェーン店にて店長に。その後不動産業界に転職し、2009年より現職。著書に『100円商店街・バル・まちゼミ』『タウンマネージャー 「まちの経営」を支える人と仕事』（いずれも共著）。週休／不定休。休日の過ごし方／他市で講演、他市のイベント等に参加。

エリアマネジメント

エリアマネジメントとは「地域における良好な環境や地域の価値を維持・向上させるための、住民・事業主・地権者等による主体的な取り組み」[注1]を指す。大丸有（大手町・丸の内・有楽町）地区や名古屋、大阪や福岡などの大都市から全国に広がりつつある動きで、環境美化やイベント実施、情報発信や公物管理などの多様な活動が展開されている。

エリアマネジメントに関わるには、不動産会社などの企業やエリアマネジメントを目的とするまちづくり会社等の組織に所属することが多い。私たちの仕事は地域の人々を主役とするための裏方・お世話役で、自ら事業をすることもあれば誰かと誰かをつなぐことで、さらに活動を面白くすることもある。スタッフは、それぞれの特技・キャラクターを活かし、どの立場でも、どんな人とも仲良くなれるオープンな姿勢、地域への愛情、現場に関わるうえでの土壇場の対応力、そしてすべてを面白いと思えることが欠かせない。

ある一日の流れ

6:30 起床⇒ 9:00 出社（早番の場合。遅番の場合は 12:00 出社。イベントがある場合は 6:00 出社もあり）⇒会議・打ち合わせ・メールチェック⇒ 20:00 退社（平均するとこの時間。遅番の場合は 21:00 まで）⇒ 21:30 帰宅・夕食⇒ 24:00 就寝

働き方満足度★★★☆☆、収入満足度★★★★☆、生活満足度★★★☆☆

札幌市の都心部には「札幌大通まちづくり株式会社」と私の所属する「札幌駅前通まちづくり株式会社（以下、まち会社）」の二社のエリアマネジメント団体が存在している。まち会社の主な業務は、「札幌駅前通地下歩行空間（以下、「チ・カ・ホ」）」の広場部分と「札幌市北3条広場（以下、「アカプラ」）」といった公共空間の運営の他、地区内に賑わいを生み出すためのイベントの企画、エリアマネジメント広告の受け付け、人材育成事業などである。札幌駅前通地区は道内屈指のビジネス街で、この地区の主役はビジネスパーソンである。イベントを実施し、非日常を演出することで地区のポテンシャルを高めることも重要だが、単なるビジネス街ではなく、日常的にどのように居心地よくできるかが目下の課題である。私の仕事は、主に「アカプラ」の運営全般とさまざまな事業実施の際の調整である。利用してくださるお客様との調整から、設営現場の立ち会い、行政や近隣ビルとの協議など多岐にわたる。

入社した頃は、毎日起こることがすべて初体験で失敗を繰り返したものの、周囲の方々の力を借りて、くじけず飽きることなく、今に至っている。

エリアマネジメントは地区ごとに手法が異なる。明確な成果を短期間で出すことは難しいが、地区に対していろいろな想いを持つさまざまな人と協働しながら、これまでにない新たな価値を生み出している手ごたえは確かにある。

（注1）エリアマネジメント推進マニュアル検討会編著『街を育てる―エリアマネジメント推進マニュアル』コム・ブレイン、二〇〇八、九頁

内川亜紀 うちかわ あき／1982年生まれ。札幌駅前通まちづくり株式会社統括マネージャー。東京藝術大学大学院美術研究科文化財保存学専攻修了。修士（文化財）。バイト経験／予備校のチューター、官公庁での事務バイト。週休／2日（シフト制）。休日の過ごし方／歴史的建造物や町並み巡り。

地域おこし協力隊・集落支援員

過疎化の進む農山漁村を舞台に地域の元気づくりに取り組むのが集落支援員や地域おこし協力隊。どちらも総務省が呼びかけ、全国の自治体が導入するものであるが、「集落支援員」は主として地域の状況に詳しい人材、「地域おこし協力隊」は都市部からの移住を前提としている。現在「地域おこし協力隊」は二六〇〇名を超えており、全国の過疎対策の中心的な施策ともなるなど、社会的な注目度は極めて高い。ここでは若者を主としている「地域おこし協力隊」について詳しく述べたい。

実際に地域おこし協力隊となっている人材のバックグラウンドは、デザイン系、地域づくり系、農業系、ビジネスマンなど多岐にわたり、それぞれの特技を活かしながら地域づくり活動を行っている。国からの財政支援で進められている取り組みのため、給与は年間二〇〇万円前後と決して高くはないが、農山漁村での生活は都市部のそれと比べて支出が大幅に抑えられるなど、それ

ある一日の流れ（愛媛県伊予市・冨田敏さんの場合／着任3か月目）

4:30 起床、メールチェック⇒ 6:30 朝食⇒ 7:00 挨拶まわり⇒ 8:30 地域事務所に出勤・朝礼⇒ 11:30 挨拶まわり⇒ 14:00 昼食⇒ 14:30 担当地域をうろうろし、見かけた人と会話を交わす⇒ 17:00 事務所に戻る⇒ 17:15 退勤⇒挨拶まわり⇒ 19:00 帰宅⇒娘を寝かしつける⇒ 20:00 晩酌、新聞、読書、SNS ⇒ 25:00 就寝

働き方満足度★★☆☆☆　収入満足度★☆☆☆☆　生活満足度★★★★☆

によって生活に困ることはなさそうだ。さらには、任期終了者の約六割が任期終了後もその地域、あるいはその周辺地域に居住するなど、田舎への「移住」を考えている人には大きなきっかけとなるだろう。

協力隊の業務内容も多岐にわたる。たいていの場合は採用している自治体が募集要項に記載している内容が中心になるが、個々人のスキルや興味関心に応じて柔軟に対応している地域と、もともと決められた職務を粛々とこなすこととなる地域もあるので、応募の際は活動内容、地域の状況、サポート体制などを詳しく調べておいてほしい。活動は地域住民とのコラボレーションにより地域活動を展開することが多いので、地域のさまざまな人との連携が重要となる。また、行政のみならず、地域リーダーや都市部の移住予備軍、都市部の学生や専門家とのコラボレーションも多く、地域づくりの企画力、実行力が要求される。さらにはコミュニケーション能力やマネジメント能力が求められるが、それも地域の明るい未来を創るためと考えれば楽しく、やりがいもあるだろう。

地域おこし協力隊としての活動を通じて、地域は自身の魅力を再認識し、自信と誇りを取り戻すことで地域の新しい可能性が生まれる。こうした動きの中核を担う存在として、地方創生が叫ばれる今日では非常に大きな役割が期待されている。

田口太郎 たぐち たろう ／ 1976 年生まれ。徳島大学准教授。地域おこし協力隊の研修や研究を行っている（本稿筆者）。

冨田敏 とみた さとし ／東京都出身。2011 年より地域おこし協力隊として愛媛県伊予市で活動、人の集まる場所づくりを行う。

アートコーディネーター

最近、「アート」というキーワードを用いて、街づくりを推進するケースが増えている。新潟県の越後妻有大地の芸術祭、瀬戸内国際芸術祭、横浜、愛知、札幌各都市のトリエンナーレ等、小規模のものも入れれば、数十のプログラムが、現在実施、継続されている。過疎化が激しい町は、交流人口を増加させることで定住人口を増加させるプログラム、旧市街地等、活性が落ちたゾーンにサムシングニューを挿入することで、街全体を活発化させるプログラムなど、その目的はさまざまだが、共通しているのは、アートを導入することで、街のもっている財産と協働し、街を元気にしていこうとする試みであることだ。それは美術館で開催されるような「見るだけ」の展覧会ではなく、「関わること」に主眼がおかれる。地域の風景や食べ物や人等の関わりが、つくる側も見せる側も、見に来る側にも要求され、街が化学反応を起こしていくことが、こうしたプログラムの真骨頂といえよう。こうした仕事に将来携わる人には多角的な能力が求められるが、こ

ある一日の流れ

6:30 起床⇒TVをつけながら、メールとか仕事とかお風呂⇒ **10:30** BankARTへ。会議、打ち合わせ、現場指導。外に出ることも多い⇒ **23:00** 仕事的には終了⇒近くで関係者とミート（飲食）⇒ **25:00** 帰宅

働き方満足度★★★★★　収入満足度★★★★★　生活満足度★★★★★

こでは二つのポイントを紹介してみたいと思う。

「海の水であれ！　キャッチャー型であること」——色眼鏡をもたないで、すべてのことを受け止められる（包容できる）、受容する力が必要だ。水が美しいという言い方は二方向ある。ひとつは容器の存在さえ拒絶する純水の美しさ。もうひとつは、汚物等すべてのものを受けいれる海のような水。求められるのはもちろん後者の方だ（もっと重要なことは二方向を往来することだけど）。

「正面にネクタイ、背中にTシャツを着ていること」——「豆腐は豆腐だ。だから豆腐だろ」といくら話しても相手には伝わらない。別の言葉が必要。その差異に、悲劇と創造性が宿る。二重人格。街づくりの仕事は、正面でネクタイをしめ、背中ではTシャツを着ているようなものだ。アーティストの「世にまだ出現していない理解の困難な未知なる表現」を一般の人々に伝えようとするのだから、ある種の二枚舌にならざるをえない。でもこの二枚舌はけっこう本質的なものだ。

食器についた油を洗剤がどのように落とすか。洗剤は、油に近い分子と水に近い分子が対になった分子構造をしている。お皿についている油たちに、「君たちは僕の仲間だよ」といって安心させて近づきくっつく。ところがどっこい、歌舞伎役者のように、くるっと回転し、「ばーか、俺は水の友達なんだ」と水の中に潜り込んでしまう。これが洗剤の汚れを落とすメカニズムだ。この二枚舌すなわち二重人格こそが、情報を伝える本質だといえる。これはもちろんDNAの二重らせん構造を基にした一般的な遺伝・情報伝達のシステムでもあるわけだ。

池田修 いけだ おさむ／1957年生まれ。アートコーディネーター。BankART1929代表。Bゼミスクール卒業後、PHスタジオ（1984年〜）での活動、ヒルサイドギャラリーディレクター等を経て現職。編著に『BankAR1929 〜都市に棲む』ほか多数。国内外の都市でのプログラムが充実しているので、公私とも楽しく生活している。バイト経験／土木作業、塾講師等。週休／不定期。

社会起業家支援

まちづくりに関わる仕事の一つに「社会起業家」と呼ばれる人たちをサポートする仕事もある。一般的に社会起業家とは通常のビジネスでは解決しづらい社会課題や地域の課題をビジネスの手法を使って解決している人のことを指すことが多い。しかし、地域ではこの言葉をより広く捉えることができる。たとえば地域に密着した事業を行う企業や自治体の職員、地域のお母さんも社会起業家と呼べるかもしれない。自分が住んでいる地域をよりよくしたいという思いを持ちながら行動している人たちは誰しも、社会起業家もしくは市民起業家の役割を持っているからだ。

たとえば、岡山県西粟倉村で基幹産業である林業を再生させたのは社会起業家だった。しかし、起業家が一人でそれを行ったわけではない。彼らは村役場や地域内の他の企業、そして住民を巻き込みながら、林業再生に向けた事業を構築している。

このように、これまでは行政が中心に担ってきた地域の課題解決を、民間の立場で担いながら

ある一日の流れ

6:00 起床⇒ **7:30** 空港から地方の現場へ⇒ **10:00** 現地で２代目社長と企画会議⇒ **13:30** 地元のコーディネート団体と打ち合わせ・研修⇒ **16:00** 市役所職員・首長と打ち合わせ⇒ **19:00** 地元の方と懇親会⇒ **22:00** 二次会⇒ **24:00** 就寝

働き方満足度★★★★★　収入満足度★★★★☆　生活満足度★★★☆☆

行政と連携し、課題解決に向けて活動する人材が増えている。とはいえ、思いを持ち地域に飛び込んでも、地域の関係者を巻き込めずに、事業が立ち行かなくなる場合もある。このようなときに、地域の人材や資源と起業家をつなぐことが、地域における社会起業家支援の役割だ。私たちは社会起業家となる人材を発掘し、支援する事業を一〇年以上にわたって行っている。二〇一五年は約五〇のプロジェクトに六〇〇名以上が参画し、新たな地域の担い手が続々と生まれている。

たとえば二〇一二年に奈良市と連携して社会起業家を生み出すためのプログラムを実施した。奈良に所縁のない人でも、奈良の資源を見つけられるよう、コンテスト形式ではなく、市内の先輩起業家のもとへのフィールドワークを中心とした。地域にモデルとなる起業家や、市役所も含めた多様な応援者がいることを実感すると、参加者には地域への愛着が生まれ、安心して起業できる。このプログラムからは多様な起業家が輩出されているが、起業に限らず、市内の企業への転職や移住など、さまざまな関係性が生まれている。

社会起業家支援というと、能力を持った人物が起業家を支援するイメージがあるかもしれないが、実際には地域内の関係者を巻き込む力や、ビジネスコンサルティングやコーチングなどさまざまな専門性も必要になる。しかし、スキル以上に重要なのは仕事上の役割だけでなく個人の興味や関心を理解したコミュニケーションができるかどうかだ。定まった業務プロセスがあるわけではないので、好奇心を持ちながら、新しい仕掛けづくりを楽しめる人に向いている。

瀬沼希望 せぬま のぞみ／新潟県小千谷市生まれ。NPO 法人 ETIC. ローカルイノベーション事業部コーディネーター。大学在学中よりチャレンジ・コミュニティ・プロジェクトの事務局を務めるなど全国の仲間と社会起業家や地域の魅力的な人たちと一緒に仕事をしている。バイト経験／ETIC. でのインターンシップ。週休／２日。休日の過ごし方／買い物、読書。

復興まちづくり

〈活動を起こす〉

復興まちづくり、という「業界」や「職種」があるわけではないが、震災や大規模な災害のあと、被災したまちや地域で、復興とともにまちづくりの機運が高まることが多い。私が参画する宮城県石巻市の民間まちづくり団体「ISHINOMAKI 2.0」もそうして生まれた組織である。

東日本大震災後、甚大な被害を受けた石巻で復旧活動に奔走していた地元の若手事業主たちと、ボランティアとして石巻に入っていた東京のメンバーが出会い、「もとのまちに戻すのではなく、新しい石巻をつくろう」を合言葉に、まちのバージョンアップの意味を込めて「ISHINOMAKI 2.0」を結成した。以来、建築家や都市計画家をはじめ、料理人や編集者、コピーライター、ウェブディレクター、写真家などが得意なことを活かしながらアイデアと情熱を注ぎ続けている。

震災の約二か月後から、まちの声を取材したフリーペーパーの制作や、石巻最大の夏祭りを応援し未来を考える機会にするイベントの開催を皮切りに、五年間で五〇を超えるプロジェクトを

ある一日の流れ

9:30 出社⇒ 10:30 地域ヒアリング⇒ 13:00 街角で昼食⇒ 14:00 イベント設営⇒ 17:00 イベント手伝い⇒ 21:00 打ち上げ⇒ 25:00 帰宅

働き方満足度★★★☆☆　収入満足度★★★☆☆　生活満足度★★★★☆

立ち上げた。連続シンポジウムや音楽フェス、野外映画上映会などＤＩＹで実施したプログラムのいくつかは拠点や定期イベントとして定着している。現在では地域コミュニティづくりを行政と連携して行う事業も増えてきた。ＩＴ教育プログラム「イトナブ」（次頁参照）や、ＤＩＹ家具メーカー「石巻工房」、横丁を再更新している「日和キッチン」、遊休不動産をシェアによって利活用する「巻組」など、メンバーが独立プロジェクトとして展開させ活躍していることも特徴だ。

日々状況の変わる被災地でのまちづくりに正解はないが、振り返って重要だと思うことは、民間人ならではの柔軟さとスピード感を持ち続けることだ。インフラ整備や政策決定といった行政の課題は完了までのタイムスパンが長い。自治体の事業と並走しつつ、市民主体のプロジェクトを起こしていくことで、失敗も含めた知見が集積されていく。

また専門的な技術やノウハウを持つ外部の人的リソースと、震災を機に新しいことに挑戦してまちをより良くしたいという市民のモチベーションをぶつけて相乗効果を生み出すことも大切だ。

復興まちづくりのプレイヤーには、地域に入り込み、住民や自治体、他の団体とコミュニケーションを取る能力、お互いの利益を調整し、時に大胆な企画をする能力、そしてなによりそれらを実行に移す能力が求められる。そんなにいっぺんにたくさんのことはできない、と思うかもしれない。大丈夫。復興を超えて未来へ向かうまちはポジティブだ。これらのスキルはそんなまちの中で奔走しているうちに鍛えられていく。

小泉瑛一 こいずみ よういち ／ 1985 年群馬県生まれ、愛知県育ち。建築家。横浜国立大学工学部建設学科卒業。(株)オンデザインパートナーズ、(一社)ISHINOMAKI 2.0 所属。2015 〜 16 年首都大学東京特任助教。共著書に『建築を、ひらく』。バイト経験／建築設計事務所、カメラ販売員、塾講師。週休／ 2 日。休日の過ごし方／旅行、サイクリングなど。

復興まちづくり〈仕事をつくる〉

復興まちづくりをはじめ地域の活性化には、仕事と人材がその地域にきちんとあることが必要だ。たとえば、ＩＴテクノロジーの活用は地域の現場でも期待されているが、それを活用できる人材がなければ成り立たない。その人材を外から確保するのではなく、地域内で学べる環境を構築し、地域の中で人材を育てる「自活」できるモデルが重要だ。

イトナブ（一般社団法人イトナブ石巻、および株式会社イトナブ）は石巻から一〇〇〇人のＩＴ技術者を育成することをめざして、若者にソフトフェア開発やグラフィックデザインを学ぶ機会を提供している。震災後の二〇一二年より活動を開始して四年、イトナブで学んだ若者たちが、習得した技術で仕事ができるようになったり、エンジニアとして独立したり、新しい場所でチャレンジし始めたりと、小さくではあるが、この街にテクノロジーを掛けあわせることで新しい息吹が芽生え、街の中でエンジニアを育てる環境が構築され始めている。

ある一日の流れ

7:00 起床、メールチェック、仕事開始⇒ **9:00** 午前休憩。ingress（位置情報ゲーム）をしてリフレッシュ⇒ **10:00** 午前ミーティング（3本）⇒ **13:00** お昼休憩⇒ **13:30** スタッフとじゃれる⇒ **14:00** 真面目に仕事をし始める⇒ **18:00** ジムに行く⇒ **20:00** 仕事再開⇒ **24:00** 夜の自由時間⇒ **27:00** 就寝

働き方満足度★★★★★　収入満足度★☆☆☆☆　生活満足度★★★★★

そんなイトナブの教育モデルは「やりたいことをやらせる」。ノーテキストブック・ノーカリキュラムが基本だ。若者たちが自由にイトナブの事務所に立ち寄り、空いているパソコンを引っ張り出し、コードを書いたり、ガジェットをいじったり、時にはパソコンでゲームなどもしている。しかし、プログラミングを学ぶ過程では誰もが大きな難題を前に立ち止まってしまうことがある。そんな時にはサポーターが手を貸して、アプローチの方法などを教え、若者たちの背中を押してあげている。

とはいえ、そのような向上心の高い若者たちばかりではないので、何かを学びたいという若者には、定期的に開催している「東北テック道場」(三か月を一シーズンとして、ひとつのアプリをつくるステップアップ講習会)や、工業高校に毎週二回伺って学生たちにプログラミングを教える出前授業、小学生向けのITリテラシーを高めるワークショップなど、年齢に応じてテクノロジーにふれあいやすい環境をつくることで、石巻にテクノロジーを根付かせる活動をしている。

若者の個性・能力はそれぞれに異なる。一律の教育は学校にお願いをして、伸ばしたいスキルがある子どもや若者が伸びる環境をつくることがイトナブの役割だ。そんな若者たちを最大限にサポートする環境をつくることで、若者たちがのびのびと本気で取り組める環境を構築している。

まだイノベーションを起こす前段階ではあるが、志高く、技術力を持った若者が育つことが、街が復興し、進化する一歩になるのではないだろうか。

古山隆幸 ふるやま たかゆき ／ 1981年生まれ。(社)イトナブ石巻・代表理事、(株)イトナブ代表取締役、(社) ISHINOMAKI 2.0 理事。宮城県石巻市出身。高校卒業と同時に上京、ITと出会い起業。現在、石巻の高校でソフトウェア開発を教える。同時に小学生から大学生までプログラミング、デザインを学び、尖った若者が育つ環境づくりに人生を捧ぐ。石巻を新しい街にするべく活動中。週休／不定休。休日の過ごし方／湯治、国外脱出。

まちづくりベンチャー

マンションのコミュニティデザイン

HITOTOWA INC.／荒昌史

マンションの地縁づくり

　コミュニティの中でも「地縁」、住まいの中でも「集合住宅」に着目し、孤独な子育てや独居老人の増加、自然災害、環境問題などの社会課題を解決するのが、HITOTOWAの仕事だ。その取り組みを、僕たちは「ネイバーフッドデザイン」と呼んでいる。

　僕自身は団地出身で、そこでは近所づきあいが当たり前だった。近所づきあいにはいつでも煩わしさとあたたかさの両方があって、プライバシーとコミュニティのちょうどよい塩梅を求めるものだ。しかし社会人となりディベロッパーで働き始めると、提供する住まいに求められるのはただプライバシーの一辺倒だった。

「あいさつすらない暮らしは豊かなのか」。そんな疑問を抱きながら、自ら立ち上げた環境NPOを通して、CSR（企業の社会的責任）を知る。ディベロッパーの社会的責任、真の社会貢献とは何か。行き着いたのが、「近くに住む人との信頼関係、つまり地縁のコミュニティをつくり、そし

ある一日の流れ
8:00 起床⇒散歩・ストレッチ・朝食⇒ **10:00** 始業⇒ **11:00** までメールチェック⇒会議・現場打ち合わせ・書類作成⇒**20:00**頃から夕食しながら社員・プロボノスタッフと懇親⇒**23:00**帰宅⇒スポーツニュースチェック⇒ **25:00** 就寝
働き方満足度★★★★☆、収入満足度★★★★☆、生活満足度★★★☆☆（週3日サッカーしたいため）

て、都市の課題を解決する」ことだった。

まずは働いていたディベロッパーでCSR専門部署を新設。部署の立ち上げから事業開発までを行った。ディベロッパーには七年三か月勤務したが、その経験が起業してから今までの僕を支えている。


起業、東日本大震災の復興支援から、マンション防災へ

「自分の生活の大半を〝社会課題の解決〟のために充てたい」という想いから二〇一〇年一二月にHITOTOWAを起業。リスクもあるが、多彩なチャレンジができると思った。

だが、その三か月後に、東日本大震災が起きた。複数の受託契約が解消され、資金的に厳しくなったが、さまざまなNPOの特徴を正確に把握し、企業の強みとマッチングするCSRのスキルを活かし、さまざまな企業と復興支援を行った。

東北へ足を運ぶなかで痛感したのが、防災・減災の大切さ。「〝つながり〟が希薄な都市において、災害時に助け合えるのだろうか」。そんな危機感からマンションを中心に「よき避難者」を育てるワークショップを始めた。自分の身を自分で守る自助は当然のこと、地域の人々とともに助け合う「共助」を学ぶ。さらに長きに渡る避難生活をどのように地域・マンションの住民が乗り越えていくかが大切だ。僕らのワークショップでは、避難生活のノウハウを、さまざまな被災マンションや避難所のケーススタディから考える力を養っている。二〇一五年には、「マニフェスト大賞」優秀復興支援・防災対策賞や「グッド減災賞」優秀賞を受賞した。


タワーマンションと大規模団地のネイバーフッドデザイン

二〇年以上にわたって再開発が進められてきた西新宿エリアに建つ、六〇階建てのタワーマンシ

荒昌史 あら まさふみ ／ 1980年生まれ。HITOTOWA INC. 代表取締役。早稲田大学政治経済学部政治学科卒業後、リクルート コスモスを経て現職。環境 NPO 法人 GoodDay 理事。バイト経験／家庭教師、日雇い派遣。週休／1日。休日の過ごし方／サッカー、フットサル、温泉旅行。

ョンにおけるネイバーフッドデザインは、世界中から集まってくる新しい入居者と従来からの住人の〝つながり〟を育むプロジェクトだ。

タワーマンションは賃貸借や買い替えによる流動性が高い。そのため、従来はコミュニティづくりが難しいとされてきた。だが前例にとらわれないのも、僕たちが大切にしていることだ。入居前からたびたびイベントを開催し、これまでに「そなえるカルタを使用したよき避難者ワークショップ」「ジビエ試食会」「自然まち歩き」などを開催してきた。ゆくゆくは住民自身が運営できるよう、その土壌づくりを二〇二〇年まで行っていく。

大規模団地の再開発にともなうネイバーフッドデザインにも取り組んでいる。住宅地におけるエリアマネジメントは一般的に前例が少ないが、ひばりが丘団地地域（西東京市・東久留米市）における「まちにわ ひばりが丘」や、浜甲子園団地地域（兵庫県西宮市）における「まちのね 浜甲子園」など、その街の人口分布や特徴、課題を丹念に調べ、その街のよいところを継承し、課題を克服するエリアマネジメントを企画・運営している。たとえば沿岸部に位置する「まちのね 浜甲子園」では防災・減災に力を入れ、食やスポーツを通じた防災イベントを展開していく。

僕たちの仕事は、住民とディベロッパーの間に立ち、双方と話しながら、ズレを解消してよりよい形を探すことだ。最近研究・議論に力を入れているのはエリアマネジメントを持続させるためのコミュニティビジネスづくり。ディベロッパーができることや企画していることと、実際に住民が買いたいもの、使いたいもの、行いたいことがいつも同じとは限らない。さらにコミュニティビジネスはそう簡単に成り立つものでもない。答えはひとつではないし、マニュアルもない。それがこの仕事の難しさでもあるが、また醍醐味だとも言える。

団地からマンションというフィールドで、都市の社会環境問題を真に解決できるチームになる。これが僕たちが目指す姿だ。

ネイバーフッドデザインのこれから

集合住宅が普及し始めて、およそ六〇年。二〇一〇年の国勢調査によると、東京二三区の総世帯数のうち、実に四七パーセントが集合住宅で占められている。顕在化してきた高齢化や建て替え、災害対策は地縁コミュニティがなければ解決はできない。でも、放っておけば地縁コミュニティは薄れていくばかりだ。そのなかで、HITOTOWAは誰も行ったことのない新しい取り組みにチャレンジしていきたい。たとえば、ボールを使いながら防災・減災を学び、チームビルディングにもなるサッカー防災ワークショップ〝ディフェンス・アクション〟を開発したのもその一環だ。なにより、本当に社会環境問題を解決できるのか、本質的な取り組みを行い、都市生活を笑顔があふれるものにしたい。

西新宿 CLASS in the forest（自然教室を行っている様子）
タワーマンションや大規模団地のコミュニティづくりといったチャレンジを積み重ねている

まちづくりベンチャー

地域の経済に向き合う

コトラボ合同会社／岡部友彦

生業を地域につくり出す

コトづくりからまちづくりを考える、そんなコンセプトで二〇〇四年からまちづくりを事業として行っている。ボランティアであったり、行政からの助成金や委託事業など公的資金が関わることが多いこの分野では、安定した経営体制をつくるのがなかなか難しい。そのなかで我々は地域に身を置き、地域の埋もれた資源を探し出し、活用して新たな「生業」を地域につくり出すことで自活できる体制づくりを試みている。

現在、横浜と松山の二地域に拠点を置き、約一二名で事業運営を行っている。

街を一つの宿に見立てる

横浜市寿町。日雇い労働者の街として栄えたこの地域は、現在変貌を遂げ福祉の街へと変わっている。二〇〇四年、大学院を修了してすぐに活動拠点をここに置き、日々地域を歩き、人の動き、建物の設え、経済活動などさまざまな角度から街を観察。すると、歩けば挨拶が行き交う下町のような人情味ある環境や、部屋は狭いが街全体を

ある一日の流れ

8:00 起床⇒情報収集、データ作成作業など⇒ **12:00** 出社⇒会議、視察対応、面会、書類作成⇒ **19:00** 退社⇒ **20:00** 帰宅⇒夕食・団らん⇒ **24:00** 就寝

働き方満足度★★★★★　収入満足度★★★★☆　生活満足度★★★★★

「家」のように使っている様など、この地に偏見を持つ人たちには見えない風景が見えてきた。

そんななか、当時から山のように存在した空き部屋を活用しながら地域に新たな人の流れをつくることで、ネガティブなイメージを改善しつつ地域に新たなキャッシュフローもつくることができないかと考え、建物所有者と連携しバックパッカーの宿として「ヨコハマホステルヴィレッジ」（YHV）を二〇〇五年に開始した。地域に新たなイメージを創り出すために、受付を地域内に一つつくり、そこから提携している宿へと案内していく。いわば街に点在する空き部屋をつなぎ合わせ〝街全体〟を一つの旅行者の宿として見立てる形だ。

現在では、三棟約六〇部屋を運営。過去にはそのノウハウやシステムを、「ISHINOMAKI 2.0」の復興民泊事業や韓国・春川《チュンチョン》のまちづくり団体に提供したこともあり、まちづくり手法のひとつとして活用されている。

国を超え、分野を超えて地域を考える

他にも大学と連携した地域拠点づくりや地域住民のエンパワメントを促す環境づくりなどを行っているが、地域の課題に取り組むと、分野をまたいだ視点や発想が問われることが多く、難しくもあり面白くもある。SIB、タックスクレジット、アセットトランスファーなど、建築だけではなかなか触れない民官含めた仕組みや考え方にも向き合うことになったり、海外からの視察や活動団体との交流機会が多いのも、この仕事の醍醐味であり、既存の仕事との大きな違いかもしれない。

クライアントなき地域エコノミーづくり

我々の事業は、一時的には行政からの委託のようにクライアントが存在するものもあるが、最終

岡部友彦 おかべ ともひこ ／ 1977 年生まれ。コトラボ合同会社代表。東京大学大学院工学系研究科建築学専攻修了。修士（工学）。2004 年大学院修了後、現職。著書に『日本のシビックエコノミー』『まち建築』ほか。バイト経験／家庭教師、建築雑誌での執筆。週休／休みたい時に休む。休日の過ごし方／釣り・旅行。

的には自活できる体制をつくり持続的な取り組みにすることを試みる。それゆえスピードも遅く、すぐにたくさんの地域に関わることはできないが、長い期間地域に身を置くことで、地域の中で起こっている問題を肌で捉え、かつ地域の埋もれた資源を探し出すことができる。資源といってもプロジェクトによっては選挙の有権者数の多さを資源と見立てたり、社会問題の多様さをポジティブに捉えることで大学と連携するなど、普段気にしないもの、ネガティヴに思えるものも捉え方次第で地域の資源として活用できる場合もある。

スモールビジネスを行えるかどうか

多くの拠点づくりに取り組んできたが、地域に拠点をつくることが目的ではない。地域の課題に向き合った取り組みが結果として拠点を形成することになる。それぞれ関わる人も内容も異なるが、そのひとつひとつが全体の持続的な運営を支える小さな収益源であり、コミュニティの幅を広げる。

現在日本には、空き家や耕作放棄地など課題でも資源でもあるものがあちこちに存在している。愛媛県松山市の三津浜ではコミュニティのアセット（資源）として空き家を活用し、まちなみ保全、商いを始めやすい物件づくり、活動資金の捻出の三つを一度に行うモデルをつくっている。それを活用しスモールビジネスを行う人たちが増えれば、再び地域に活気が戻るのではないだろうか。

まちづくりの仕事に関わりたくても将来への不安から企業へと就職していく若者は少なくない。彼らが将来の選択肢として地域へのコミットを選べる環境づくりができれば、地域の若返りにもつながり、活性化も進むはずであり、その受け皿やノウハウを提供することが我々の願いである。

フロント　客室棟　空中庭園

ヨコハマホステルヴィレッジ（YHV）
地域に点在する空き部屋をつなぎ合わせてひとつのホステルとして地域イメージをつくる

YHV HANARE I, 2
地域住民のエンパワメントを目的とした
住環境改善プロジェクト

大学連携拠点 かどべや
大学と連携した地域拠点。
レンタルスペースとして運営

kotobuki 選挙へ
行こうキャンペーン

投票所はあっち
プロジェクト

国内外視察対応

韓国インターン生研修

一坪縁台

LB flat

bluff terrace cafe

bluff terrace

ミツハマップ　コミュニティアセット活用　ミツハマル土間

ミツハマル
三津浜地区活性化事業としてミツハマル、町家バンク、コミュニティアセット事業を展開

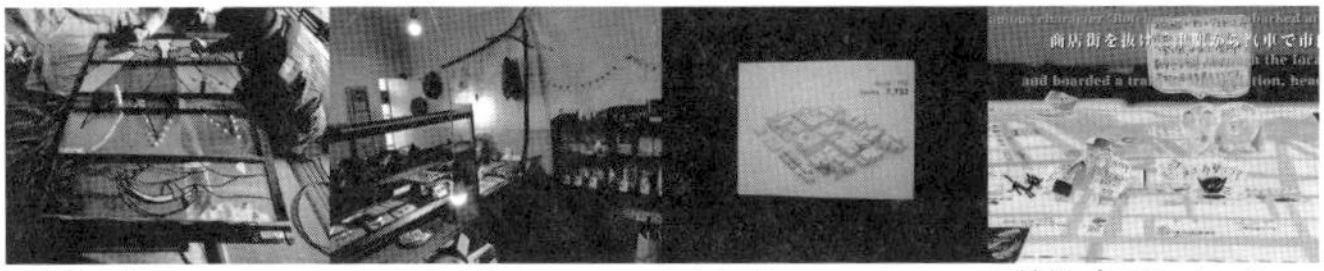

三津浜 DIY
ワークショップ

ハンドメイド
マーケット

kotobuki
promotion movie

三津浜プロモーション
ムービー

本書で扱っている YHV 以外にも地域住民やクリエイターなどプロジェクトごとにさまざまな人たちと連携し、さまざまな事業を展開している

まちづくりベンチャー

リソースコーディネーター

一般社団法人つむぎや／友廣裕一

全国を巡って見つけた、自分の役割

現在私は、宮城県石巻市などの東北地方をはじめ、高知県室戸市や島根県雲南市などで地元の人たちと事業やプロジェクトを立ち上げて運営している。人との出会いから、そこにあるニーズやリソースを拾い集め、そこに自分の役割を重ねあわせながら、最適な事業モデルなどをつくり上げていくため、今のところはメーカー、小売、卸売的なことから、コンサルティングや人材育成など、業態を超えて、幅広い仕事をさせていただいている。そもそもこのような働き方をするようになったきっかけは、大学を卒業する際に自分を活かした生業をつくりたいと思ったことだった。大学時代は経営学を学び、今とは縁遠い生活をしていたが、大学四年生の頃に新潟の中山間集落を訪れたことから、「地域に関わる仕事がしたい」と思い、まずはどんな人たちがどんな風に働き、暮らしているのかを知りたいと考えて、日本全国の農山漁村を訪ねてまわったことがスタート。ほんの数軒の知り合いを訪ねることから始めて、そこで出会

ある一日の流れ

7:00 起床⇒家事・育児をして **9:00** には仕事開始⇒打ち合わせを数軒はしご⇒ **18:30** 帰宅・夕食・子育てを手伝って **21:30** 頃から仕事再開⇒ **25:00** 就寝

った人から紹介してもらうなどして、ひたすら縁を辿りながら、全国七〇以上の地域を回らせてもらったのだ。滞在中は、その土地で暮らしている方の暮らしや日常を学ばせてもらうため、家に泊めてもらいながら、さまざまな仕事の現場を手伝わせていただいた。草刈りや掃除のような単純労働がほとんどだったのだが、仕事を終えて自宅で話を聞かせてもらうと、ふとした時に普段人には話さないような悩みや、ずっとやってみたいと思っていたことなどが出てきて、それなら無力な自分にも力になれるかもしれない、ということに出会ったのである。「こだわって育てた野菜を直接消費者に届けたい」とか「若い人を村に呼んで交流をしてみたい」とか、そのような声を聞いていたので、旅を終えたあとに「都内に直接野菜を売れる場」や「村の暮らしを体験するツアー」などの形で実現していった。はじめはお金にならなかったことが、少しずつお金をもらえるような仕事にもつながり、気がついたらなんとか生きていけるかもしれないと思えるようになった。それが二〇一一年の頃であった。

被災地のお母さん方、仲間とともに事業を立ち上げる

その後、東日本大震災が起こり、すぐさま宮城県に入って避難所の状況把握をするプロジェクトに参画。現地を駆けまわっている過程で出会った地元のお母さん方と本格的に事業を立ち上げることになり、そのタイミングで合流してくれた大学時代の仲間や友人たちと「一般社団法人つむぎや」という法人を立ち上げることになった。宮城県石巻市の牡鹿半島というところで、小さな漁村のお母さんたちと、地元にたくさん生息する鹿の角と漁網の補修糸を使った「ＯＣＩＣＡ」という

友廣裕一 ともひろゆういち／1984年生まれ。一般社団法人つむぎや代表、リソースコーディネーター。早稲田大学商学部卒業後、「ムラアカリをゆく」と題して日本各地の農山漁村を訪ねる旅へ。その後フリーランスを経て法人を立ち上げた。バイト経験／インターン等。週休／不定休。休日の過ごし方／家族（妻・娘）と出かける。

アクセサリーのブランドを一緒に立ち上げて販売したり、最近は「くじらのしっぽ」という障がい者サービス事業所の方々と一緒に、牡鹿半島の鹿革を使ったペンケースも同じブランドで展開し始めている。また、自分たちと同じように震災を機にものづくりを始めたという取り組みが東北各地にたくさん生まれていることを知り、それを伝えるために「東北マニュファクチュール・ストーリー」というメディアをスイスの時計メーカーと運営したり、漁業協同組合の新しい施設を地元の人たちが主体となって立ち上げるサポートをしたり、水産加工品の卸売や小売も手がけている。

なにをやるかより、なぜやるか

一つ一つの事業を見ると同じようなことをしている人や事業者はいるが、全体として見ると同業者というのは思い当たらない。また、同じように

ものをつくったり売ったりしていても、自分たちにとっては手段であり、つくるお母さんたちが笑顔になることが最大の目的であったりする点では、ちょっとスタンスが異なっているのである。なにをやるか、より、なぜやるか、を常に掴んでおかないと、手段に埋没してしまっては本末転倒してしまう。一方で、きちんと事業ベースでも成立させなければならないので、ある意味では一般的なビジネスより広い視野や知見が求められるとも言える。先行モデルは基本的に存在しないので、さまざまな先人の取り組みから学びつつ、自分の頭で常に判断し続けることが求められる。

異なる才能・エネルギーとの出会いをカタチにする

目的に応じて手段を柔軟に選べるように、自分たちの役割を固定化せず、先入観を持たずに何でも幅広くやってみることが多いので、自分を何か

に規定しないと安心できないという人には向いてないと思われる（これは独立系のフリーランス的な働き方全般に言えることかもしれないが）。一方で、日々新たな出会いやチャレンジの機会がやってくるため、毎日同じことをやるのは飽きるという人には向いていないとも言える。私たちの仕事は、明確な対象がいて、そのために立ち上げる事業が多いので、のれんに腕を押すような空回り感がなく、モチベーションも維持しやすいと思われる。再現性がある仕事ではないため、自分が動きまわって、関わりあった人たちとの関係性の中から自分の役割を見出していく。そんな生き方ができるんだ、していいんだ、と知ることで救われる人はいるんじゃないだろうか（かつての自分がそうであった）。そして、そんな人が増えることで、地域に埋もれている才能やエネルギーを、うまく事業やプロジェクトというカタチにすることができれば、きっと今よりもよい社会になっていくのではないかと思っている。

鹿角と漁網の補修糸でつくる「OCICA」ネックレス（写真：Lyie Nitta）

まちづくりのパートナー【公民館】

鹿児島県鹿屋市柳谷集落

「やねだん」の愛称で親しまれる集落がある。この集落の自治公民館長を務めるのが豊重哲郎さんだ。西日本では自治会よりも公民館活動が盛んな地域が多い。特に九州はその傾向が強い。やねだんは、その九州は鹿児島県鹿屋《かのや》市にある柳谷《やなぎだに》集落のことである。

公民館活動とはいえ、豊重さんの活動は公民館を飛び出してまち全体に広がっている。集落の自主財源をつくるために、住民とともに農地でさつまいもをつくり、焼酎や唐辛子をつくり、家畜の糞尿から出る悪臭を防ぐ土着菌を培養して、それらを販売している。また子どもたちの遊び場をみんなでつくったり、空き家にアーティストを招聘したりもしている。さらに、足腰の弱くなった人にシルバーカーを貸与したり、各戸に緊急警報装置を設置したり、寺子屋を開いたり。

公民館というと、建物の中で行われることばかりが注目されがちだが、豊重さんは地域全体が公民館だと考えているのだろう。だからこそ、公民館長の取り組みがまちづくりにつながっているのだ。公民館活動を展開するための場所は、公民館の内部に限定する必要はない。むしろ、公民館運動の原点に照らせば、豊重さんの取り組みこそが社会教育施設のやるべき内容だと言える。

もちろん、公民館本体も疎かにはしていない。館内には招聘したアーティストが作成した壁画や襖絵が並び、地区の人々がさまざまな活動を行っている。最近では建物自体を増築し、里帰りした人が宿泊できるようにしている。公民館がまちづくりの拠点となっている好事例だと言えよう。（山崎亮）

鹿児島県鹿屋市串良町柳谷地区／大隅半島のほぼ中央に位置し、120 世帯（およそ 300 人）が暮らす、高齢化が進む中山間地域の典型的な集落である。豊重さんを中心として進められる「行政に頼らないまちおこし」が全国的に注目されている。
鹿児島県鹿屋市串良町上小原 4694-2（柳谷公民館）｜ http://www.yanedan.com/

CHAPTER 2

まちの設計・デザイン

土木スケールの構築物から小さな建物まで、商品開発から情報媒体まで、設計やデザインはまちづくりに形を与える仕事である。まちづくりに設計やデザインの力が加わることによって、その成果はぐっと発信力を持つことになるし、設計やデザインへの落とし込みを通じてまちづくりに方向性が与えられることもある。たくさんのコミュニケーションの中から、形を探り出していく面白さに出会える仕事である。[饗庭伸]

組織設計事務所の公共デザイン

㈱日建設計 都市デザイングループ 公共領域デザイン部
田中亘

たなか　わたる／日建設計執行役員。プロジェクト開発部門副統括、都市デザイングループ代表、グローバルマーケティングセンター ASEAN・東アジアグループ代表。公共領域デザイン部長。1988 年東京大学修士課程を経て、日建設計に入社。専門は都市計画、都市デザイン。「東京ミッドタウン」（2007）をはじめ、建築、都市計画、都市デザイン、ランドスケープ設計の知識・経験を総合的に生かすことで大規模プロジェクトに携わってきた。

公共デザインのための新部署の発足

公共領域デザイン部は二〇一五年に設立された新しい部署です。当社は大きく三つの部門（プロジェクト開発、建築設計、エンジニアリング）からなりますが、ここはプロジェクト開発部門の中の都市デザイングループに属します。日本人、中国人、ドイツ人、インド人などのスタッフが兼務も含めて一〇人。出身分野も、都市計画、都市デザイン、ランドスケープデザインと、幅広いのが特徴で、主に都市のパブリックスペースに関する総合的なデザインソリューションを提供することを目標としています。

もともと当社にはランドスケープ設計の専門チーム（ランドスケープ設計部）があり、長年、建築設計部門に属していました。主な仕事は建築設計の一部として行う敷地内の外構設計です。しか

公共領域デザイン部・ミーティングの様子（左奥が田中亙さん）

し二〇一五年初めに私が都市デザイングループの代表になる際に、建築設計の一部にとどまらずランドスケープ分野単独の、もしくは都市スケールでの公共プロジェクトにも取り組もうと、このチームを建築設計部門から都市デザイングループに引っ張ってきました。

一般的に日本では、公共空間の設計は土木の領域で、ランドスケープのプロジェクトで公共空間のみをターゲットにすることは一部の公園のプロジェクトを除き、あまり多くありません。一方、私が海外の仕事を八年ほど担当してきたなかでは、この領域に大きな可能性を感じていました。そこでランドスケープ設計部を都市デザイングループに移すと同時に、実験的に、都市計画・都市デザイン・ランドスケープの三分野が協働する部署として公共領域デザイン部を立ち上げたのです。

シンガポール・鉄道廃線跡地のリノベーション

立ち上げ一年目、ほぼ最初に取り組んだともいえるのがシンガポールの公共空間のコンペで、運よく勝つことができました。これは、政府が所有する二四キロメートルに及ぶ鉄道廃線跡地を利活用してコミュニティのための公共空間にする事業です。世界から六四チームの応募があり、我々はマスタープラン部門で勝ちました。この〈レールコリドー・プロジェクト〉は都市と一体化して公共空間を考えることで、その周辺のコミュニティの財産価値やクオリティ・オブ・ライフを上げることにフォーカスを当てています。規模、内容とも日本国内では考えられない大きな事業です。

そもそも我々がターゲットにしている仕事は単なる土木空間の設計ではなく、公共の領域のデザインを良くして新しい価値を生み、周辺地域の価値までをも上げることです。そういう意味でまさに一番手がけたい仕事が獲れ、幸先のよいスタートになりました。

二四キロメートルというと、日本の地下鉄の一駅が平均一キロメートルなので二四駅分の長さです。東京から横浜くらいまでの感じでしょうか。ただし、東京―横浜間では市街地が続くイメージですが、レールコリドーの場合は、住宅街、オフィス、森林と、より多様です。しかも、一年中暑いですから、長時間歩けるわけもなく、せいぜい朝や夕方の短い時間、周辺住民が散歩に来るような場所です。

この場所がより市民に親しまれる場所となるよう、二四キロメートルの廃線跡に沿って一〇の重点地区（ノード）と、さまざまな活動のプログラムを提案しました。オフィス街には働く人たちが

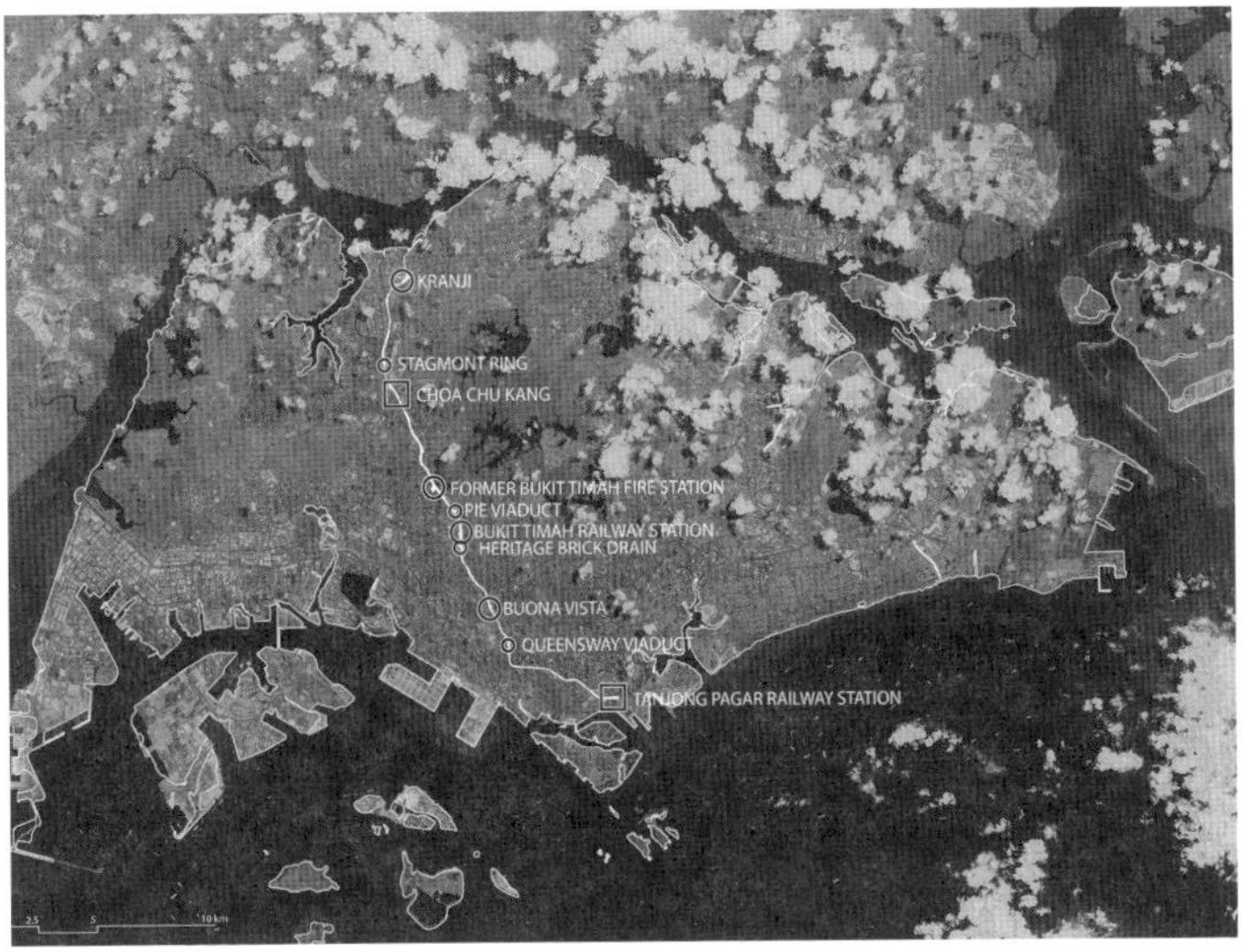

〈レールコリドー・プロジェクト〉シンガポールの廃線跡地をリノベーションする

憩える場所、森の中には植物園のような空間、高級住宅地では古い駅舎を利用した「ステーションガーデン」、高速道路下のスペースは若い人たちが遊べるスペース、住宅地にはBBQをしたり野菜を育てられる場所等々。それらのプログラムが線路跡、そして周囲とどうつながるかをデザインしました。

プログラムの前提になる現地調査も丹念に行っています。線路はなるべく勾配をつけずに敷設するのが基本ですが、周りの地形には変化があって線路とのあいだにギャップがある。そのギャップを分析し最適なつなぎ方を考えるなど、注意深くデザインを進めています。

この敷地がもし二キロメートルなら、もっとデザイン重視の提案を目指すのですが、二四キロメートルもある今回は、デザインだけでなくリサーチに基づいたプログラムづくりを重視し、それがコンペに勝つうえで功を奏したと思っています。

都市デザイン、ランドスケープ、建築の役割分担

コンペ案作成の作業は、前半で都市デザインの担当者が全体の方針を立てました。コンペに必要なひとつのストーリーをつくるのです。たとえば人が歩くパスはどういうシステムにするか、自然との整合性はどうとるかなどを組み立てていきます。それをベースに、具体的なデザインを持ち込むのがランドスケープや建築の担当者。場所とテーマ、スケールに応じて、チームの誰が主体になって進めるのかが変わります。ただ、完全分業制ではなく、お互いの分野に相当踏み込んで提案します。一時的に無駄が生じることもありますが、そうすることで最後には強靭なストーリーが提案に現れてきます。二四キロメートルの敷地には多様性も一貫性も要る、そこに我々のコラボレーションが力を発揮できたコンペでした。

公共空間の価値＝街の価値——東京ミッドタウン

私自身はもともと、都市計画・都市デザインを大学で勉強し、日建設計に入りました。その後アメリカでランドスケープを学び、緑が主体の都市開発を手がけたいと東京ミッドタウンの開発などを担当してきました。ただ「緑が主体の…」とは言いますが、都市開発は収益を上げなければなりません。ミッドタウンはもともと防衛庁の跡地で完全に閉ざされた土地でしたが、周辺に檜町公園という区の公園のほか、大きな緑の塊がいくつか点在していました。ミッドタウンを開発する際、これらの緑地とつなげるように、帯状の緑地を計画地内につくることを提案しました。周辺地域の質を上げ、開発としても豊かな緑を特長にしよう

としたのです。

ディベロッパー目線からすると、緑を増やすことは一部開発を犠牲にすることになります。逆にトータルとして自らの土地の価値が上がれば、それで帳尻が合うことになります。緑が増えた結果、ミッドタウンのネームバリューが上がり、よいテナントが入り、緑に面した周辺の土地の価値も上がっていくという好循環を生み出しました。近辺の古いマンションも壁の塗り直しや建て替えが進んだりして、総合的に都市環境が改善されました。

公共領域の豊かなデザインによって、街を、ライフスタイルを高質化する、そんなプロジェクトを世に送り出すことが、公共領域デザイン部の仕事です。

公民連携の柏の葉プロジェクト

国内では千葉県柏市の柏の葉でプロジェクトが進行中で、ちょっとユニークな調整池のデザインに挑戦しています。調整池とは、大雨の際に水を一時的に溜める場所となる土木構造物で、通常はコンクリートで固められた窪地のようになっています。

柏の葉は千葉県、柏市、大学、ディベロッパーなどが一体で計画を進めているエリアで、PPP（パブリック・プライベート・パートナーシップ）、いわゆる公民連携によって街づくりが進められています。今回のケースでは二〇ヘクタール程の開発用地の中央に二・五ヘクタールの調整池がいったん通常の仕様で整備されていたところを、隣接する公共空間と民間開発が一体で魅力を生み出せるよう、調整池をより質の高いデザインに変えることが望まれました。

もちろんそのためには通常以上のコストがかか

ります。ただ周辺の土地所有者にとっては、調整池という公共部分の質が上がることで、周辺の土地の価値や賃料が上がり、収入が増えることが期待できますし、自治体にとっては民間の資金が入ることで、より魅力的な公共空間が整備され、かつ価値の上がった周辺地区からの税収増も期待できることになります。官民の win-win な事業に変わるのです。

求める人物像

公共領域デザインは応用分野であり、基礎分野の十分な経験が必要なため、新卒採用はありません。土木、建築、ランドスケープ、都市計画など、従来の基礎分野がしっかりしていて、かつ、デザインに興味があることが前提です。

そして、公共領域の仕事で大事なのはビジネスとして事業を考えること、それをストーリーとして説明できることです。「なぜこうなのか」「それによって何が良くなるか」というロジックをデザインと同様に大事にしないと公共の仕事はできません。そしてもちろん、「魅力的な空間をつくりたい」という気持ちが何よりも重要です。

一方、そうはいっても、各個人の本当の能力は社会で仕事を始めるまで本人でも意外とわからないものです。僕自身もはっきり言ってまったくわかりませんでした。

よって最初の五年程は専門性に関係なく、いろいろなことを担当してもらいます。そのうちに何が向いているのか、本人もこちら側もわかってきます。絵がうまい人、相手に理解してもらう話術に長けている人など、それぞれの適性は当然ありますし、デザイナーとして入社しながら他の才能が発見されることもいくらでもあります。敢えて

〈柏の葉プロジェクト〉公民連携で実現を目指す調整池のデザイン

一言付け足すと、押しの強さは大事ですね。デザインは結局「自分はこれがやりたい」と提案し、相手がそれに賛同しないと実現できませんから。

やるべきことはたくさんある

今後も海外はもちろん、国内でもプロジェクトの幅を拡げたいと思っています。特に二〇二〇年のオリンピックに向けて、公共領域プロジェクトがあれば当然関わっていきたいと考えています。たとえば、日比谷公園を改修して大規模なパブリックビューイングができるようにするとか、新国立競技場のまわりにある駅の周辺を魅力的な空間に変えるとか、公共領域デザインが重要な場所はたくさんあります。これら以外にも、地方都市を含め国内でやらなければならないことはまだたくさんあると思っているので、少しでもこのチームで貢献できる機会が増えればと考えています。

2016年4月14日、㈱日建設計 東京事務所にて（聞き手・構成：編集部）

建築設計事務所

建築家が代表者として設計スタッフを束ねる会社のことを「建築設計事務所」と呼ぶ。建築家一人の事務所から、一〇〇人を超えるスタッフが働く事務所まで規模はさまざま、主な仕事は建築物の設計と工事監理だ。個人住宅や店舗の内装といった比較的小規模なものから、病院や教育施設、市庁舎といった公共的な建物まで設計の対象としている。新築に限らず、リノベーションも最近では多く、家具のデザインや展覧会の会場構成などを行うこともある。建物の用途（プログラム）や規模によっては、他の設計事務所や構造・設備・ランドスケープなどの専門的技能を持つ会社と協働して設計を進める。クライアントの資産を建物に変え、その価値を高め、かつ都市にとっても豊かな財産となるものをつくる。緊張感とやりがいにあふれた仕事が建築設計である。

大規模な組織設計事務所やゼネコン設計部とくらべて、アトリエ事務所はスタッフの数も限ら

ある一日の流れ

10:00 出社⇒ **10:30** 社内打ち合わせ⇒ **12:30** 社内で昼食⇒ **14:00** 社外打ち合わせ⇒ **22:00** 退社

働き方満足度★★★★☆　収入満足度★★★☆☆　生活満足度★★★☆☆

れるため、物件を一人で任されることも多い。一軒の建物を基本設計から竣工まで担当することは、責任も重く、大変なことも多いが、完成し街に馴染んで使われていくことに触れる喜びも大きい。また、クライアントのさまざまな人間性と出会ったり、建築業界の外との協働などを通して自分の世界が広がっていくことも魅力の一つである。

建築設計事務所の設計プロセスにはそれぞれの個性や特色がよく表れるが、敷地条件や法規などの与件を整理し、施主や関係者の要望を意匠に反映させ、建物としてまとめ上げる能力は、どの設計者にも求められる。そして、この職能の広がりは建物を設計することだけにとどまらない。その守備範囲は市街地から中山間地域まで幅広い。たとえば公共施設の整備・活用における市民との合意形成や過疎化に悩む地域の再生に関わる設計者が増えている。

特に、東日本大震災以降、多くの設計者がそのことに気づき、まちに関わっている。まちづくりは、まちに必要なものや人々の関係性を計り設えるという点では、建物をつくるプロセスと変わりない。プロジェクトのゴールをどういう手段で実現するか、という違いだけだ。

建築設計事務所で働くことで、課題を整理し、解決方法を具体的なイメージへ導き共有することの基礎体力が養われる。そして、その脳みそと筋力（加えて重要なのはタフさ）をフットワーク軽く活かせる人材が、まちづくりや地域再生の分野で求められる場はこれからもっと増えていくだろう。

小泉瑛一 こいずみ よういち ／ 1985 年群馬県生まれ、愛知県育ち。建築家。横浜国立大学工学部建設学科卒業。(株)オンデザインパートナーズ、(一社)ISHINOMAKI 2.0 所属。2015 ～ 16 年首都大学東京特任助教。共著書に『建築を、ひらく』。バイト経験／建築設計事務所、カメラ販売員、塾講師。週休／ 2 日。休日の過ごし方／旅行、サイクリングなど。

工務店

工務店とは、広義において、建築の施工を行い、建築をつくることを請け負う商店である。大工一人の個人商店から大企業まで、規模や手がける建築も一言では語れない幅の広さだが、ここでは、主に「大工」という職能が中心となりものづくりを行う「大工工務店」のことを述べたい。

「大工」と聞くとほぼ同時に「木」が頭に浮かぶが、例えどんなに小さく素朴な建築であっても、木の仕事だけで建築が成り立つことはまずない。設計をはじめ、基礎工事、給排水・電気の設備工事、板金等の屋根工事、また建具工事、左官工事など。建築は、さまざまな専門に特化した職能が、つながり連携しあってつくるものであり、その連携の要を担っているのが大工である。

ヒト・モノ・コトをつなぐところに建築が生まれる――大工はもともと、木だけではなく、全職域に精通し、あらゆる瞬間において的確な判断力を持ち、人を束ね、建築を統括することが本来の職能である。棟梁と呼ばれたり、親方と呼ばれたり、技術と同時に人格をも求められる。た

ある一日の流れ（大工の場合）

6:00 起床⇒ **7:30** 頃出社・準備⇒ **8:00** 仕事開始⇒ **10:00** 休憩（30分）⇒ **12:00** 休憩（1時間）⇒ **15:00** 休憩（30分）⇒ **18:00** 片づけ⇒退社⇒帰宅⇒夕食、団らん⇒ **22:00** 頃就寝

働き方満足度★★★★★　収入満足度★★★☆☆　生活満足度★★★★★

とえば「木」、その木材がどこの山（地域）からきたのか、その山の背景、現在の状況、どのように加工・乾燥の過程を経てここにあり、どんな性質を持つ木であるかが（およそ）わかるということは、林業家・製材所・材木屋・建主の顔が同時に見えているということであり、環境・経済・工学・人間学を同時に考えるということである。大工になるには一定期間の「修行」の場（時間）が必要であり、そのスキルを得るためには言語化可能なマニュアルだけでは不十分である。

昨今、建築の多くが新建材（工業製品）を組み合わせるつくり方へとシフトし、大工の技術的側面が希薄となり、品質をどう保証し時間とお金をいかにクリアにするかという管理が大工に課された主要な職能になりつつある。自然素材を主とするか、新建材を主とするかは、ものづくりの立脚点や世界観が大きく異なるため、そのふたつが混ざった工務店はあまりないようだ。

いずれにしても大事なのは、建築についてのさまざまな判断を専門家としての責任を負いながら全体によいように明確に判断できる能力を持つということだ。建築の寿命は長い。ロングスパンでの思考と同時に瞬時の判断にも胆力が求められる。工務店は商店であるから、基本、仕事の依頼があってはじめて地域の役に立つことができる。まちづくりの中では受け身的な立ち位置かもしれない。だが、そのまちの風景をつくっている建築が、日本中どこにでもある既製品的建築ではなく、その地域の風土や歴史や文化のエッセンスを宿したものである時、何かしら地域に生きる人の心に誇りを与え、地域らしさを触発し、支える、底力そのものになる、と思っている。

六車誠二 むぐるま せいじ ／ 1968年生まれ。有限会社六車工務店代表、六車誠二建築設計事務所主宰。京都工芸繊維大学工芸学部住環境学科卒業後、日建設計（東京）、藤岡建築研究室（奈良）を経て現職。バイト経験／桂離宮昭和の大修理の実測調査（バイト部隊）。週休／2日。休日の過ごし方／温泉。

組織設計事務所

「組織設計事務所」（以下、組織）は、意匠設計だけではなく、構造、設備、積算、都市計画など複数部門に分かれており、比較的大規模な建築設計や工事監理が主な仕事である。東京や大阪を拠点としながら国内主要都市に支店を置き、海外に支店を持つ組織もある。新卒採用は大学院卒が多く、大手組織になればなるほど、エントリーシートの通過さえ困難になる。面接では自らの設計課題や即日設計の成果をいかにアピールできるかが勝負のポイントであろう。

組織の仕事では、プロジェクトの中心は意匠設計者が務めることが多く、マネジメント力が求められる。社内の他分野技術者や、時には社外の専門家とも協働して設計を進めるが、意匠設計者が橋渡し役となってクライアントの要望を設計図書に取りまとめる。工事監理では、設計図書の意図を施工者に伝え、その通りに工事されているかを確認する。設計から監理まで、難しい局面が少なくないが、それらを乗り越えて建物が完成する喜びは計り知れない。

ある一日の流れ

6:00 起床⇒朝食準備・保育園へ子どもを送る⇒ **9:00** 出社⇒会議・打ち合わせ資料確認・施主打ち合わせ・帰社後社内打ち合わせ・設計検討⇒ **20:00** 退社⇒ **21:00** 帰宅⇒夕食・家族団らん⇒ **24:00** 就寝

働き方満足度★★★★☆　収入満足度★★★★☆　生活満足度★★★★☆

また、公共施設の仕事が多いことも特徴の一つだろう。設計者の選定方法には、プロポーザル方式がよく用いられる。コンペが案（提案書）を選定するのに対し、プロポーザルは人（設計者）を選定する。実績の有無も評価のポイントになるが、国内における公共施設は、設計施工分離が原則とされてきたためゼネコン設計部では担当できなかったというわけだ。

市庁舎等の公共性の高い建物では、いかに地域活性化に寄与できるかなど、まちづくりの観点から説明することがある。たとえば、周辺の既存広場（公園）やイベントなどとの連携を図ることで、地域の一体感や、新たな賑わいを創りだすような前面広場の提案を行う。地域の都市計画などにあらわれる、まちづくりの理念や将来像をどう活かすかは、設計者の腕の見せどころである。

また、公共施設の設計を進めるため、合意形成の場としてワークショップを行うことがある。市民（ユーザー）と行政と設計者が一体となって理想の建物像やまちづくりに役立つような機能を考える場だ。各設計段階において目的や課題を抽出し、みんなの思いをできる限り反映する。

昨今、公共施設にも設計施工一括発注（デザインビルド）方式が採用されるなど、基本設計、実施設計、工事監理という従来のプロセスが変わりつつある。たとえば、組織の力を活かして開発された日建設計の「逃げ地図」がまちづくりに寄与したように、組織はこれまで以上の存在価値を示す必要があるのではないか。今、組織には職能や職域の変化・進化が求められている。

佐藤伸也 さとうしんや／1981年生まれ。建築家。2016年9月より佐藤伸也建築設計事務所主宰。京都工芸繊維大学建築設計学専攻修了後、某大手組織設計事務所勤務を経て現職。バイト経験／家庭教師、病院夜警。週休／2日。休日の過ごし方／子どもと遊ぶ。

ゼネコン

「ゼネコン」は、建築や土木の工事を一式で請負う総合建設業である。日本の多くのゼネコンは、施工業務を営業の軸としながら、社内に設計部門やエンジニアリング部門、研究開発部門等を抱え、建築の企画、設計、施工、維持管理に至るプロセス全般においてサービスを提供できることに特徴がある。私の所属する設計部門では、同じフロアに座っている構造、設備部門のメンバーとはもちろん、施工担当者とも早期から協業し、工事コストや工程等、生産上の条件も組み込みながら最適解を探し、クライアントにソリューションを提供することができる。仕事は、比較的規模の大きな建築の設計が多く、社内は元より、建築主側の関係者も、経営層から担当者まで大勢で、他にも役所や、工事現場の職人に至るまでさまざまな階層でのコミュニケーションと合意形成能力が求められる。大きな仕事（＝建築）を現実の世界に実現するためのさまざまなハードルを、知恵を絞り、力を合わせて一つ一つクリアして行くことは醍醐味にあふれている。

ある一日の流れ

6:30起床⇒8:00出社、メールチェック。社内ミーティング後、建築主との定例会議、現場監理⇒帰社後、社内会議、設計資料作成⇒22:00帰宅⇒24:00就寝

働き方満足度★★★★☆　収入満足度★★★★☆　生活満足度★★★★★

喧々諤々戦った施工担当や仲間たちとお互いの価値観を認め合いながら眺める竣工物件の姿は格別である。

私が設計に携わったあべのハルカスは、一日一三万人超の乗降がある駅の直上に三〇万平米を超えるさまざまな都市機能を立体集積させた日本一の高さの超高層建築である。クライアントの鉄道会社にとっては、ターミナル開発と、五〇〇キロにわたる沿線価値の向上を同時に射程に入れた一大プロジェクトである。プログラムは、駅、百貨店、ホテル、オフィス、美術館といったクライアントのコア事業をベースに、学校、クリニック、託児所、公園など、さまざまな都市機能がビル内にとどまらず、街と一体となってシナジーを生み出し、阿倍野《あべの》エリアを活性化させるよう計画されている。クライアントは常々、あべのハルカスは目的ではなく、手段だと発言されていたが、ハルカスオープン後の街の成長と人々の賑わいを見ていると、企業の利益と社会貢献が一致した、民間企業ならではのまちづくりの姿であると感じる。

私たちの仕事は、直接的にまちづくりに関わらない場合でも、クライアントのビジネスをサポートする延長上に、賑わいの創出、環境や景観、社会の発展といった問題と関わっていく。設計する建物は、工場、商業施設、記念館とさまざまだが、工学をベースとした理系の仕事でありながら、建築の構想と実践を通して、芸術表現、経済活動、社会問題とも接続する、稀有な仕事であると思う。

米津正臣 よねづ まさおみ ／ 1974年生まれ。竹中工務店設計部所属。東京工業大学大学院修士課程修了後より現職。共著に『BIG ⇄ COMPACT ABENO HARUKAS 超高層集密都市』。バイト経験／アトリエ系設計事務所、引越屋、家庭教師等。週休／2日。休日の過ごし方／旅行、料理。

ランドスケープデザイン事務所

ランドスケープデザイン（ランドスケープアーキテクチャ）というのは、一九世紀にF・L・オルムステッドによって提唱された比較的新しい職能である。そもそもは急激な都市化の進行による環境の悪化に対処すべく生まれた領域であり、生態学、社会学、地理学などを広くベースとし、個々のプロジェクト単位では建築、土木、都市計画などの分野との協働も多い。錯綜した諸問題に対して、私たちの生活とそれを包み込む環境との関係をチューニングしていくことを目指している。

実のところ、新しく見えるこの分野の最も古い基底には「庭園」という存在があり、先に述べた横断的／調律的な性格はすでに紀元前から内包しているとも言える。「私たちの居る」場所を、固有の環境との調和から求めた小宇宙が庭園の始まりだが、今、改めてまちという単位を「私たちが居る」場所として見直していかなくてはならない。庭はもはや閉じた存在ではなく、最終的

ある一日の流れ

7:30 起床⇒ 9:30 頃出社⇒いろいろ仕事⇒ 13:00 ランチ⇒いろいろ仕事⇒ 19:00 人と会ったりシンポジウムに出たり⇒ 21:00 頃帰宅して夕食⇒メールチェックとか資料整理とか⇒ 24:00 までには就寝

働き方満足度★★★★☆　収入満足度★★★★☆　生活満足度★★★★☆

には地球までを庭と見る視点が求められている。

仕事は多岐に渡っており、対象も個人庭園から広場、公園、キャンパスや集合住宅、都市全体、そして特定の生態圏などまで、スケールは伸び縮みしつつも互いに入れ子になっている構造が特徴的である。公民問わずプロジェクトベースで設計監理が中心の事務所もあれば、生態学的アプローチが得意の事務所、特定の地域に深く根ざして活動する人もいる。幅広い視点／バックグラウンドを持っているということはむしろ利点であり、建築、土木、アートなどからこの分野に入ってくる人も多い。

いずれにしても「関係性」が大きなキーワードである。土地固有の動植物を通してエコロジカルな関係性が見えてくるし、まちの人々のあいだに入っていけばコミュニティというフィールドが現れてくる。生業に着目すれば土地の産業が生み出す風景が見えてくるだろう。私自身もオガールのような公民連携の仕事でも、一連の星野リゾートとの仕事のように観光という産業に関わるプロジェクトでも、いつでもそういう「関係性」が生み出すかたちを探ってきた。対象は常にひとまとまりのエリアである。人口動態、産業、生物多様性、新しい市民像、あらゆることがそのつど、エリアの全体像としての風景が起ち顕れてくる。常に個の先に全体を考えること、全体から個のかたちを導き出すという態度。課題を整理し、それを共有できるビジョンに持っていくこと。そういう人材がこれから必要とされているのではないだろうか。

長谷川浩己 はせがわ ひろき／1958年生まれ。ランドスケープ・アーキテクト。オンサイト計画設計事務所パートナー、武蔵野美術大学教授。千葉大学、オレゴン大学大学院、アメリカでの設計事務所勤務を経て現職。共著に『つくること、つくらないこと』。バイト経験／町工場作業員、デパート売り子、家庭教師、庭師作業員など。週休／2日（あったりなかったり）。休日の過ごし方／いろいろ。

土木デザイン事務所

土木分野は実に幅広い。道路や橋、河川、トンネルといった普段からよく目にする馴染み深いものから、上下水道のようにあまり意識はされないが日常生活を陰で支える土木もあって、枚挙にいとまがない。設計基準は各々個別に存在して、専門性が極めて高いのが特徴だ。

　戦後以降、土木分野の構造物の設計を一手に担ってきたのが「建設コンサルタント」である。彼らの高い技術力は、戦後の復興とその後の急速な経済成長を支える原動力となった。当時のインフラ整備の考え方は、機能性と経済性が優先で、圧倒的な〝量とスピード〟を価値とするものだ。そこには景観やデザインといった思考が入り込む余地はまったくなかったが、一九八〇年代頃からは、そういった〝質への思考〟を土木分野に取り戻す動きが始まり、特に近年は、より一層の質の向上に向けたプロポーザルやコンペの増加によって、土木空間の景観やデザインのスペシャリスト、いわゆる「土木デザイン事務所」の活躍がめざましい。

ある一日の流れ

5:00 起床⇒羽田空港へ移動し飛行機で佐賀へ⇒機内にて雑務処理⇒佐賀にて打ち合わせ、現場確認など⇒佐賀空港へ移動し東京へ⇒機内にて仮眠⇒21:00東京事務所着、打ち合わせ⇒24:00退社⇒24:30帰宅⇒入浴⇒25:30就寝

働き方満足度★★★★★　収入満足度☆☆☆☆☆　生活満足度★★★★★

私自身は土木出身の建築育ち。私が主宰する事務所・ワークヴィジョンズは、領域を越え、建築と土木の間をつないでモノづくりに取り組むことから始まったが、今、目指すところはその先の「都市」にある。二〇〇四年に人口ピークを越えた日本には、ハードの量的な整備はもはや要らなくなった。「拡大から縮小へ」「量から質へ」『つくる』から『使う』へ」といった、人口ピーク以前とは逆向きのベクトルは、これまでにないさまざまな社会課題を生み、有り余る空間資源を活用しながら、分野を超えて複雑に絡み合う社会課題をどのように解決していくかが、今、我々に与えられたテーマだ。そこには、専門の枠を越えて社会をフラットに見つめる複眼的な思考と、そこから導き出されるアイデアを実践する実行力が必須であるが、専門家教育を軸に据えた今の教育システムの枠組みの中では、この複眼的な思考を身につけることは容易ではない。だからこそ、それを補う優れたチームをつくることが大切で、多くの仲間を巻き込みながらチームを動かしていくコミュニケーション能力が、今後はより一層求められるだろう。

そして、なにより土木空間のスケールは大きくて、街へのインパクトは絶大だ。道路や川は県境を越えて悠々と街をつなぎ、大きな公園は街のアイコンとして印象をつくる。だから、見た目の美しさに加えて、その使われ方や人の関わりもマネジメントして、土木の風景が楽しく生き生きとしたものに変われば、街の価値も大きく変わる。街の未来に良い連鎖を生むことが、これからの土木デザインの仕事なのだ。

西村浩 にしむらひろし／1967年生まれ。建築家、デザイナー、クリエイティブディレクター。ワークヴィジョンズ代表。東京大学大学院工学系研究科土木工学専攻修了後、建築設計事務所勤務を経て、1999年ワークヴィジョンズ設立。主な作品に、岩見沢複合駅舎、長崎水辺の森公園橋梁群など。バイト経験／左官屋、設計事務所。週休／不定休。休日の過ごし方／旅。

プロダクトデザイナー

道具や家具など、人の生活に必要な「物」の設計とデザインをする仕事をプロダクトデザイナーと呼ぶ。特に工業製品を扱う場合は、インダストリアルデザイナーという別名もある。

いまあなたがどこかの部屋にいるなら、視界に入っている物のほとんどに、実はひっそりとプロダクトデザイナーが関わっている。自分の暮らしに欲しいものを自分でデザインできるチャンスがあるのは、この仕事の醍醐味だ。

プロダクトデザインの歴史は比較的新しく、一五〇年前の産業革命頃に遡るが、物の設計そのものは有史以来の人間の本能であり、古くはエンジニア・建築家・職人など他の職業と不可分だった。二一世紀の現代では、3D CADや3Dプリンタなどのデジタルツールの発展によって設計が身近になったため、職能を越えた結びつきが再度深まっている。逆に言えば、ツールによって専門家でなくともプロダクトデザインを生み出す時代がもう来ている。そんな現代でこの職

ある一日の流れ（事務所出社時）
9:00 起床⇒ 10:00 出社⇒チーム全員で長めのお昼ごはん⇒複数のミーティングをこなし、デザインワーク（合間にコーヒータイム）⇒ 22:00 退社
働き方満足度★★★★★　収入満足度★★★★☆　生活満足度★★★★☆

業を目指すのなら、まず標準的に使われている3DCADソフト（二〇一六年現在では、Rhinoceros や Fusion360 など）を習得することが最短の道だろう。最新のソフトウェアは学校であまり教えてくれないので、チュートリアル（教本）を独学するのがよい。

地域のまちづくりにおけるプロダクトデザイナーの役割は、たとえば右肩下がりの地域産業に新しいマーケットをつくるための商品開発を担うことだ。美しい形に昇華させる造形技術のみならず、製造方法に精通し、それを現代の市場につなげて、実際にヒット商品を生み出すアイデアが求められる。だからユーザーを観察して課題を見出すエスノグラフィなど社会学的な手法を含めたリサーチ手法が急速に融合してきている。

物があふれた現代において、もはやプロダクトデザイナーは単にバリエーション商品をつくる職業であってはならない。新しい関係性を紡ぐことで価値を生み出し（イノベーション）、加工プロセスや材料などの無駄を極力減らし、その物が生む未来に責任を持つ（サステイナブル）視点が、現代のデザインの重要なテーマだ。結果として現代のプロダクトデザイナーには「なんのためにつくるのか」を再発見する力が問われている。

最後に。美しい物は、愛される。美は僕らの本能に訴えかけ、デザインを永続させる。新しい概念を美しい形に昇華させるプロダクトデザイナーは、時間を超える文化の起点になりうる仕事だ。制約を乗り越え、美しい物をつくることを諦めない人に、ぜひ目指してもらいたい。

太刀川瑛弼 たちかわ えいすけ／1981年生まれ。デザインストラテジスト。プロダクトを黒川雅之、建築を隈研吾に師事、グラフィックデザインを独学し、デザインの社会における可能性を横断的に追求するデザインファーム NOSIGNER を創業。社会にチェンジメーカーを増やすことが目標。著書に『デザインと革新』。趣味は書道と古民家いじり。バイト経験／建築設計事務所。週休／2日。休日の過ごし方／旅行。

グラフィックデザイナー／アートディレクター

情報伝達を主な目的とし、視覚表現を用いて伝える技術をグラフィックデザインと呼ぶ。それをデザイナーが、統合的な意識と視点で、さまざまな方法で誰もが理解しやすく示すのがアートディレクションという仕事である。個人商店や企業のシンボルマークやロゴタイプ、看板や印刷ツールやウェブサイトなどをデザインするだけでなく、公共施設などのサイン計画など、目に見えるものすべてに関わることから、まちの風景の多くを担っていると考えられる。デザインスタジオは、一人から一五人程度で構成されることが多く、アートディレクターやデザイナー、プロジェクトマネージャーなど規模によって構成員が変わる。グラフィックデザインを中心とした仕事は、一人から始められることもあり、都心部含め、コンパクトな規模のスタジオが多い。また、プロジェクトごとに、アートディレクターやデザイナー、編集者が主体となり、ライターやイラストレーター、フォトグラファー、印刷所、プロジェクトマネージャー、UXデザイナーなどが

ある一日の流れ

8:30 起床⇒ **10:00** フィールドワーク⇒昼食⇒ **13:00** 事務所に戻る⇒社内ミーティング⇒会議①⇒作業⇒会議②⇒ **20:00** 夕食兼会議③⇒ **24:00** 帰宅⇒読書⇒ **26:00** 就寝

働き方満足度★★★★☆　収入満足度★★★☆☆　生活満足度★★★★☆

制作チームをつくり協働する。その制作チームがプロジェクトの理念を共有し、同じ方向性を持ちながら個のスキルを活かすことで、社会が抱える問題に対してプロジェクトを機能させ、クライアントの想いやかたちが「価値」に変わる瞬間をつくることができる。

また、特化したスキルを必要とされるブックデザイン、ウェブデザイン、広告やエディトリアルデザインなどは、その仕事を専門にしているデザインスタジオがある。特にブックデザインは年間に一〇〇冊を超える装丁を手掛けることも。また、大手出版社が発刊する雑誌のエディトリアルデザイナーは、編集者と顔を合わせたコミュニケーションが必要で、首都圏に集中しているのが現状だ。しかし、多くのデザインスタジオは、一つのことに特化せず、さまざまな領域を横断しながらよろず屋のようにプロジェクトを進めており、一つのことに特化しているスタジオは稀有な存在だろう。最近では、プロジェクトをまとめていく力を活かし、地域の魅力を伝えるデザインや住宅ストック活用のための色彩計画など、ソーシャルイシューに関わるプロジェクトへと活動の幅が拡がっている。弊社でも、設計事務所や編集者と協働し、まちづくりの拠点となる施設建設におけるプログラムのデザインや機運醸成のための広報物制作などにも携わっている。

これからのグラフィックデザインやアートディレクションは、まちの顔をつくる重要な仕事の一つになるだろう。デザイナー個人の美意識だけではなく、広い視点で社会を見つめ、生きる環境そのものを考えることができる人材が求められている。

原田祐馬 はらだ ゆうま／1979年生まれ。デザイナー・アートディレクター。UMA/design farm代表。京都精華大学芸術学部デザイン学科建築専攻卒。京都造形芸術大学空間演出デザイン学科客員教授。バイト経験／ドラッグストア、インド料理店、鳩駆除など。週休／1日。休日の過ごし方／読書、炊飯。

まちづくりベンチャー

地域の価値を高める建築家の仕事

HAGISO／宮崎晃吉

カフェ・ギャラリー・ホテル・設計事務所を営む

私は東京・谷中にある「HAGISO」というカフェ、ギャラリー、ホテルなどを擁する施設を拠点に、建築設計事務所を営んでいる。建築を単に物質的な「建物」と限定せずに、そこで起きる出来事やまちとのネットワーク、それを実現する事業の構築というところまで広く解釈して、自ら場所をつくり、経営する人としての「建築家」を目指している。

設計事務所で感じたギャップ

群馬県前橋市の出身で、大学に進学するために浪人生活を始めて以来、東京で生活している。大学は東京藝術大学の建築科で、日々建築設計課題に没頭する毎日だった。大学院修了後はアトリエ系と呼ばれる「建築家」の設計事務所に就職。主に海外の大型公共施設の設計などを担当していた。建築設計者としては申し分なくやりがいのある仕事だったが、どうしても自分の本当にしたいこと、すべきこととのギャップを感じ、三年という短い

ある一日の流れ

7:00 起床⇒ 8:30 出社⇒ HAGISO カフェでモーニングミーティング⇒設計業務・経営業務⇒ 20:00 退社⇒ 20:10 帰宅⇒夕食、だんらん等⇒ 24:00 就寝

働き方満足度★★★★★　収入満足度★★★☆☆　生活満足度★★★★★

期間で退社することになってしまった。大きな建築物の設計は、どうしても建築のことばかり考えてしまいがちになってしまう。少なくとも当時の私にはそのようにしか扱えなかった。しかしながら、私はもっと人と建築が一緒になって形づくる場所をつくってみたかったのである。

きっかけは木造アパートの改修

先述の「HAGISO」立ち上げのきっかけは二〇一一年の東日本大震災であった。当時住んでいた谷中の築六〇年の木造アパート「萩荘」が、震災をきっかけにオーナーの意向で解体され、駐車場になることになったのだ。アパートには私を含め六名の大学時代からの友人が住んでいたが、住人だけでなく多くの友人が出入りするいわゆる「溜まり場」であった。単に解体されるのは忍びなく、「建物の葬式」としてのアートイベントを企画し実行することにした。すると三週間の開催期間に予想を超えた約一五〇〇人の来場があり、それを目の当たりにしたオーナーが場所のポテンシャルに気づき計画を一転、改修し用途を変えて使用することとなったのだ。私自身は当初この改修設計のみを請け負うつもりだったが、場のポテンシャルを活かし有効に運営するために自身で丸ごと借り受け、カフェ、ギャラリー、美容室、設計事務所などを擁する施設、HAGISOの運営事業を始めることとなった。

仲間集め、資金集め、そして開業

創業するには当然資金が必要となるが、当時十分な資金がなかったため、金融機関や親戚から借り入れ、覚悟をもって運営に挑むことになった。とはいえ、カフェの運営など当然経験がなく、手探りで始めることとなった。まず仲間を集める。

宮崎晃吉 みやざき みつよし／1982年生まれ。建築家（HAGI STUDIO主宰）、HAGISO／hanare代表。東京藝術大学非常勤講師。2008年東京藝術大学大学院修了、2008～2011年株式会社磯崎新アトリエ勤務。バイト経験／空調工事施工、焼肉屋、美術予備校講師。週休／不定休。休日の過ごし方／散歩。

パートナーである顧彬彬《コピンピン》や、元アパート住人の仲間たちの協力はあったが、実際にここでスタッフとして働いてくれる人材を集めなければならない。スタッフを公募し、一人ずつ面接し、経歴だけでなく人間性を重視して採用を行ってきた。

日々の営業の他にも多様な企画を開催することで、徐々に地域の人も、たまたま訪れた来訪者も巻き込み、ここでしか起こりえない出来事を出現させていく。まだ開業してから数年であるが、すでに歴史と言っていい数々の出来事が蓄積されている。このような時間を多くの人と共有した場所を拠点に持つことが、今の私を形成する大きな部分になっていると言ってよい。

まちを丸ごとホテルに見立てる

ＨＡＧＩＳＯを始めて三年後の二〇一五年にスタートさせた新たな事業が宿泊施設「hanare」である。谷中には学生時代から一〇年住んできたが、そのまちの魅力には未だに虜になっている。しかしながら、私や仲間が感じているまちの魅力と、谷中に来る多くの観光客の楽しみ方には少しずれがあることに気がついた。まちを私たちなりに編集してみることで、まちをさらに奥深いものにできるのではないか、という思いを抱いたのだ。

「hanare」はまちを丸ごとホテルに見立てるプロジェクトである。ホテルのレセプションと朝ごはんはＨＡＧＩＳＯ、大浴場はいくつかある銭湯、自慢のレストランはまちの飲食店、レンタサイクルは自転車屋さんで…というように既存のまちのコンテンツをフル活用して一つのホテルを形成する。すでにあるもの、人の見方を少しだけ変えることで、新たな価値を見出す試みである。

こうして今までの足跡を振り返ってみると、計

HAGISO の外観

画通りとはほど遠く、ほとんど成り行きでやってきたことがわかる。建築を学び始めた時に夢見た「建築家像」とは随分と違う自分に行き着いているが、世界は絶えず変化しており、自分にできること、求められることも変わっている。その時その時に思い描く未来を少しずつ軌道修正しながら、今自分にできることの中で一番ワクワクできることに取り組んでいると、自然と次にやるべきことが自分の前に現れてくる。後から考えると無茶と思える挑戦も、根拠のない自信のようなものに支えられてなんとか乗り越えながら、今ここにいる。

まちづくりベンチャー

新しい都市デザイン

NPO法人モクチン企画／連勇太朗

社会問題解決を目的とした建築組織

モクチン企画は、木造賃貸アパート（木賃）を重要な社会資源と捉え、再生のためのさまざまなプロジェクトを実践することで都市空間を更新していくことを目的としたソーシャル・スタートアップである。一般的な設計事務所がクライアントから仕事を依頼されるか、あるいはコンペに勝つなどして、設計業務を行い設計報酬をもらうという請負型のビジネスモデルをベースとしているのに対して、モクチン企画はスタートアップと名乗っている通り、今までにないまったく新しいデザインの方法論と事業モデルを開発し組み合わせることで、建築的実践による社会問題の解決を迅速に実現していくことに主眼を置いた組織である。

モクチンレシピとパートナーズ会員

木賃は、戦後の高度経済成長に合わせて大量に建設されたビルディングタイプである。東京二三区内だけでも一八万戸以上あるが、こうした建物がいま、一斉に老朽化し空室が増えている。木賃は大量にまちに点在しているため、個々のアパー

ある一日の流れ

7:00 起床⇒ **9:00** 出社、書類整理、メール返信⇒ **10:00** 打ち合わせ⇒ **12:00** お昼⇒ **13:00** 打ち合わせ⇒ **15:00** 大学⇒ **21:00** 帰社、社内打ち合わせ、書類作成、原稿執筆⇒ **24:00** 退社⇒ **24:10** 帰宅⇒ **25:00** 就寝

働き方満足度★★★★☆　収入満足度★★★★☆　生活満足度★★★★☆

トは個人の資産や所有物でありながらも、総体で見たときに良くも悪くもまちに影響を与えるだけの量的インパクトを持っている。こうした特性を生かし、木賃を魅力的な社会資源に転換していくことでまちを変えていくことが私たちのミッションだ。

そしてこのミッション実現のために開発したものが「モクチンレシピ」[注1]である。モクチンレシピは、木賃を改修するための部分的かつ汎用的なアイデアのことであり、すべてのアイデアはウェブで公開されている。複数のレシピを組み合わせることで、誰もが木賃再生の担い手になれる。また、レシピに加えてもうひとつ重要なサービスが、地元密着型不動産会社向けの会員プログラム「モクチンパートナーズ」である。地場の不動産会社は、そのエリアのオーナーと良質なネットワークを持っており、彼らと協働することで、レシピを効率良く広め、実現していくことが可能となる。

モクチンレシピのウェブサイトで、細かい仕様や品番を閲覧するには会員になる必要がある。モクチン企画の収入は、そうした会費収入、レシピを使った改修のコンサルティング料、そして会員や会員以外のオーナーから直接依頼される設計案件の三つの柱で主に成り立っている。レシピによる安定収入があることで、社会的プロジェクトを積極的に進めていく組織的体力があることが特徴であり、この点が一般的なアトリエ系の事務所と大きく違うところだろう。

最初は学生プロジェクトから

モクチン企画はもともと学生プロジェクトとしてスタートした。学部生だった筆者が、当時無印良品「くらしの良品研究所」に所属していた土谷

連勇太朗 むらじ ゆうたろう／1987年生まれ。建築家。慶應義塾大学大学院修士課程修了、同大学博士課程単位取得退学。現在、NPO法人モクチン企画代表理事、慶應義塾大学大学院特任助教、横浜国立大学客員助教。バイト経験／イタリアンレストラン。週休／2日。休日の過ごし方／だいたい原稿執筆。

貞雄氏と設計事務所・ブルースタジオの大島芳彦氏と出会ったことがきっかけで[注2]「木造賃貸アパート再生ワークショップ」としてスタートし、その後、大手不動産会社であるエイブルがスポンサーになるなどして、二〇一一年に「モクチンレシピ」のプロトタイプをつくったことを契機に法人化した。現在は、設計スタッフをはじめ、モクチンレシピのデータベースやインターフェースを開発するエンジニアやプログラマーなどを含む専門領域の混合したチームで日々業務に取り組んでいる。

学生時代を過ごしたSFC

筆者は慶應義塾大学湘南藤沢キャンパス（SFC）の出身である。モクチン企画が新しい情報技術や事業モデルをベースにしながら建築や都市デザインの実践をしているのも、領域横断型キャンパスであるSFCの影響が大きい。筆者は建築を軸にしながら、ソーシャル・マーケティング、社会起業、パブリックガバナンスなどの授業や研究会に出入りし、周りでも学生時代から起業する友人が多くいた。建築家という職能を複数の領域から捉え議論するという環境が常にあったのだ。そういう意味で、アトリエ系事務所や組織設計事務所に就職することは私にとっては当たり前の選択ではなかった。

モクチン企画の目指す都市デザイン

大学時代を含めるとモクチン企画の活動を始めて七年になるが、私たちはいま、次のフェーズに進もうとしている。地域の不動産会社や工務店と協働しながら部分的な改修によって木賃の価値を上げることに関してはそれなりの成果が出てきたが、私たちがいま、目指しているのは『建物』から『まち』へ」の展開である。私たちの真のミッションは、二〇世紀型の都市計画やまちづくりとは異なる、まちの新しい新陳代謝の方法を発明し、実際に社会に実装していくことである。個々の建物に留まらず、そうして再生したアパートがネットワークを結び、地域社会のハブとして機能していくことで新たなまちの更新を誘発していく、そういうサイクルを実現する方法論を模索している。

ある日、知らないまちを訪れ、そこでモクチンレシピを使って改修されたアパート群がエリアを豊かにしている、そんな状況に出会いたい。風景をつくること、そしてその背後にある仕組みをつくること、それが私たちの仕事である。

(注1) http://mokuchin-recipe.jp/
(注2) 土谷氏も大島氏もモクチン企画の理事として関わっている。

使われていなかった空き家や空室が再生され、ネットワーク化されることで、まちの風景が更新されていく

まちづくりベンチャー

カフェからはじめる

FabCafe／岩岡孝太郎

「FabCafe」の立ち上げ

僕は、プロクリエイターも、ものづくりが趣味の人も一緒になってものづくりに取り組めるカフェ「FabCafe」を運営している。

このカフェは、渋谷駅から道玄坂を登りきった角地のビル一階に二〇一二年三月にオープンした。クリエイティブ・エージェンシーのロフトワークとトリプルセブン・インタラクティブの代表・福田敏也氏とともに設立したＬＬＰ（有限責任事業組合）である。一五〇平米の店内は、カフェスタンド、ＦＡＢステーション、オープンキッチンの三つの機能で構成される。エスプレッソマシンの前にバリスタが立ち、キッチンからはサンドイッチやストウブ料理が提供されるため、第一印象は「カフェ」だろう。しかし席について店内を眺めると、店の真ん中ではレーザーカッターが稼働し、周りに３ＤプリンターやＵＶプリンター、カッティングマシン、ミシンなどのデジタル工作機械が点在している。仲良くiPadでイラストを描きレーザーカッターでマカロンに加工しているカップ

ある一日の流れ

8:00 起床⇒ **9:00** 出社⇒カフェオープン作業⇒朝礼⇒プロジェクトごとに打ち合わせ、企画書作成、プレゼン、パートナーとメールや電話でやりとり⇒カフェ閉店作業⇒終礼⇒ **23:00** 帰宅⇒夕食⇒ **25:00** 就寝

働き方満足度★★★★★　収入満足度★★★☆☆　生活満足度★★★☆☆

ル、壁一面のディスプレイを使ってピッチイベントを行うエンジニアとデザイナーたち、スタッフが講師を務めるものづくりの授業を受ける高校生、さまざまなことが一つの空間で同時に、しかも誰でも自由に出入りできるオープンな場で行われている。ここには月六〇〇〇人を超える人々が訪れる。二〇一六年六月現在、台北、バルセロナ、バンコク、トゥールーズ、飛騨に店舗を展開し、まちの文脈を引き受けながらコミュニティを形成している。

建築道からカフェの立ち上げ・運営へ

大学で建築を学び、建築設計事務所に勤め、ずっと建築道を歩んでいた。建築が圧倒的な物質感をともなって立ち上がる様が不思議で、その物質にもっと向き合いたいと思っていた。そんななかお会いしたのが、慶應義塾大学で FabLab の研究・実践を始めていた田中浩也先生だった。事務所を辞め大学院に入り、仲間と有志団体 FabLab Japan を立ち上げたのだが、彼らとロフトワークで行ったワークショップが衝撃だった。多分野のクリエイターたちとデジタル工作機械を使用したプロトタイプ制作に打ち込み、モノが生まれるエネルギーに満ちた二日間。このエネルギーを通り

FabCafe Tokyo（上）と FabCafe Hida（下）

岩岡孝太郎 いわおか こうたろう／1984年東京都生まれ。株式会社ロフトワーク、FabCafe LLP、株式会社飛騨の森でクマは踊る所属。千葉大学工学部デザイン工学科、建築設計事務所、慶應義塾大学大学院政策メディア研究科を経て、FabCafe 設立に参画。バイト経験／アパレルショップ店員。週休／2日。休日の過ごし方／まち歩きと掃除。

がかりの人にだって感じてもらうことはできないだろうか？　毎週末、いや毎日開くことはできないだろうか？　そう思い、より開かれたものづくりの場として、ロフトワーク代表の林千晶にFabCafeを提案した。これが今の仕事の始まりだ。

あらゆるものをつくるコミュニティ

「How to make (almost) anything〈ほぼ〉あらゆるもののつくり方)」という、世界で初めてFabLabを創ったMIT教授N・ガーシェンフェルドの授業がある。

確かにFabCafeは大きな〝実験場〟だ。お客さん一人一人が「自分の仮説に基づいた実験」を行っていて、僕らは膨大な数の実験を日々一緒に体験させてもらっている。こうやって、FabCafeはどんどん普通のカフェではなくなってきた。「今日は何が起こるんだろう」と期待してくれる人が集まってくる。すでに多様なタレントのネットワークができ上がっている。FabCafeを通じて、あらゆるものをつくる社会を創りたい。そんな思いに共鳴した企業や組織によって、最近では飛騨の広葉樹と匠の技術で企業のイノベーションセンターを手がけたり、スマートフォンと連携する家庭用水耕栽培器が生まれた。

クリエイティブな街のハブとして

街とFabCafeの関係を意識したのは、オープン一年後に台北店が立ち上がったときだ。FabCafe Taipeiに対して、FabCafe Shibuyaではないんじゃないか、と考えた。渋谷はカルチャーの中心地であり、マーケットであり、僕らも渋谷に立地するメリットは享受してきたが、この街に何か還元するならば、その街に染まることなく、媒介者となりグローバルなインパクトを起こすことなのでは？　そう思い、「FabCafe Tokyo」に改名した。この名前には世界中からのアクセスポイントの意味が含まれている。

森と匠のまち飛騨での挑戦

その後、海外には店舗が増えたけれど、国内二号店は四年間立ち上がらなかった。国内はどうしても東京視点で考えてしまうのだ。僕自身が東京生まれ、東京育ち、東京勤めなのが良くない。外に出ても「東京の良さを再発見」とか言ってしまう。だから、東京的なことがまったく通用しない伝統文化資源を持った地を求めていた。そしてつながったのが飛騨だった。林業を基点に地域経済の再生を手がける企業・トビムシから声をかけてもらい飛騨市と立ち上げたのが「飛騨の森でクマは踊る」（通称：ヒダクマ）という会社。FabCafe Hida の運営はヒダクマが担っている。二つの土蔵、立派な木組の母屋、現代的な生活を求めて増築された食堂が中庭を囲む由緒あるお屋敷が、滞在制作も可能な FabCafe に生まれ変わった。住民も観光客もクリエイターもアイデアを出し合いながら、森林資源を活用するものづくりに挑戦し始めた。

無垢な心で毎日の新鮮さを楽しむ

よく「君は愚痴も文句も一言も言わないね」と言われる。辛いと思うこともなく、ストレスも感じていないからだと思う。自分の仕事を一言で説明すると「単なる触媒」だ。特に秀でた技能も才能もない、自分一人では何も起こせない。でも誰かと出会うことで化学反応を起こし、反応の連鎖がプロジェクトを生み出し拡大させる。そんな風に、常に起こるハプニングなイベントも困難なことも楽しめる場が FabCafe なのだ。

まちづくりのパートナー【福祉】

社会福祉法人 佛子園

佛子園《ぶっしえん》は、その名の通りお寺を中核とした社会福祉法人だ。理事長の雄谷《おおや》良成《りょうせい》さんは障害を持った子どもとともに育ったため、多様な人たちがともに暮らす「ごちゃまぜのまちづくり」を目指している。

現在では80近い事業を各地で展開しており、牧場や温泉や商業施設や就労支援施設などが混在するまちづくりを行っている。そのひとつが「シェア金沢」。病院の跡地につくられたまちには、障害者、子ども、高齢者、大学生、地域住民、商業従事者、そしてアルパカが行き来する。

最近の雄谷さんは、まちづくりの拠点にするべく温泉を掘ることにしている。こんこんと湧き続ける温泉は、福祉施設に地域住民が入ってくるきっかけをつくり出してくれるからだ。地域住民は入浴無料とし、高齢者が障害者の面倒を見て、面倒を見ている高齢者がそのことを生きる支えにしている。障害者はアルパカの面倒を見ることによって自己効力感（自分への期待や自信）を高めているし、遠くから訪れた観光客は温泉に浸かりながら地元住民と会話している。カフェやレストランで食べる食事は、地域の農作物を使った健康的なものばかり。そこで働く障害者もプライドを持って料理を提供している。まさに「ごちゃまぜ」がいい効果を生み出している。

「超高齢社会のまちづくり」というと、どうしても「高齢者の暮らしをどう支えるか」ということに注目しがちだが、高齢者の幸せを考えるうえで障害者や子どもや学生や動物とのつながりが重要になるということ、つまりは「ごちゃまぜ」が大切なのだということを雄谷さんの活動は教えてくれる。（山崎亮）

社会福祉法人 佛子園／日蓮宗の住職であった雄谷さんの祖父が、1960年に開設した知的障害児入所施設が発祥。多様な人々の共生を目指す社会福祉施設やコミュニティ拠点をつくるほか、社会福祉法人としては初めて指定管理を手がけるなど、幅広い事業を展開している。
石川県白山市北安田町548-2 ｜ http://www.bussien.com/index.html#/

CHAPTER 3

土地・建物を動かすビジネス

「まち」は、物的には土地と建物でできている。その土地や建物を使いたい人が使えるような状態に整え、流通させていく仕事を紹介する。多くの人の日々の暮らしや生業を支える土地と建物を、しっかりとつくりあげる仕事であり、その完成には長い時間がかかることも多いが、成果を生み出したときの深い達成感が得られる仕事である。[饗庭伸]

疑問から都市の課題を見つけ、アイデアを生む

UDS株式会社
梶原文生

かじわら ふみお／UDS株式会社 代表取締役会長。1965年東京都生まれ。東北大学建築学科卒業後、リクルートコスモスを経て、1992年都市デザインシステムを設立。2012年UDSに社名変更。2011年に家族で中国に移住し、UDSの中国法人を立ち上げ、日本と中国で仕事を行う。立命館大学大学院客員教授、東北大学大学院非常勤講師。

企画・設計・運営を一社で手がける

私が代表を務めるUDSは、まちづくりにつながる「企画・設計・運営」まで、一連の流れをすべて手がけています。私は建築学科の出身ですが、UDSでは企画部門のトップとして関わっていて、運営と設計のトップは別の者が社内で分担しています。

会社を立ち上げて最初の一〇年程はコーポラティブハウスを手がけていました。その後、リノベーションの仕事を始め、主にリノベーションホテルの企画・設計・運営を手がけるようになりました。さらにそこから、運営まで手がける事業が拡がり、今ではコワーキングスペースやフューチャーセンター、学童や公共施設のほか、最近では中国のホテルや商業施設、韓国のホテルの仕事もしています。

梶原文生さん。建築学科出身。26歳で起業以来、建築・不動産の領域を広げてきた

一九九二年に二六歳で起業した当初から、建築の仕事を広く捉えたいと思い、不動産流通の現状や、人口減少・環境問題といった社会の変化を自分なりに捉えてきました。その結果、デザインはもちろん、コミュニティ形成まで視野に入れた企画・運営の仕事に拡がってきていると感じます。従来の建築設計、あるいは不動産・ディベロッパーのどことも異なる立ち位置で、都市デザインに関わっています。

UDSを始めたきっかけ

建築学科にいた学生時代はいろいろな建築を見に行きましたが、建物自体はかっこよくても、実際に使われている機能とのミスマッチを感じることが多々あったんです。企画・設計・運営のミスマッチです。クライアントは建築のことをよくわからずに発注し、設計する側は経営のことがよくわからずに設計している。良いものをつくるには、設計だけでなく企画もしっかりできる人が必要だな、と思うようになりました。

ただ、そうした領域の仕事が世の中になかったので、自分で起業しなければならないな、と考えました。まずはベンチャーの勉強をするために三年間は他の企業で学ぼうと思い、大学を卒業してディベロッパーのリクルートコスモスで働きました。建築職で入社して、二年目は営業、三年目は企画で学ばせてもらって、予定通り三年で辞めてこの会社を立ち上げています。

消費者の立場で抱いた分譲マンションへの疑問

実は、リクルートコスモスを辞めてUDSを立ち上げた当時は、まだ何をするか決めていなかったんです。ただ、「建築のデザイン」「コミュニティ」「都市をつくる新しいしくみ」を軸にした会社を創っていこうということだけは考えていました。リクルートコスモスに入社した当時「消費者の立場になって考えよう」と、自分でマンションを買ってみたところ、マンションのしくみのおかしなところに気づいたのです。一つは、マンションを買って、自分好みの間取りや内装にしたいというニーズがあるのに、対応してもらえないこと。せっかく分譲マンションを購入するのに、消費者にはその自由がないんです。そのうえ、マンションには立派なモデルルームをつくるために相当のコストがかかっています。それは消費者にとっては、自分が購入するマンションそのものの値段にモデルルームの無駄なコストが上乗せされていることになる。それもおかしい。

もう一つはコミュニティ形成が難しいことです。大学では体育会の寮生活だったので、挨拶を交わしながら共同生活を送っていました。しかし、マンションでは、エレベーターに乗り合わせた人とすら挨拶を交わさない。こんなにコミュニティのない生活はおかしいと思いました。

消費者の立場に立って築いたコーポラティブハウスのしくみ

そのマンションは約一年後に売却し、次は自分の家を自分が考えたしくみでつくろうと考えました。それがコーポラティブハウスです。友人を誘って協同でつくることにしました。

その時、コーポラティブハウスの先駆者の方々に話を聞いて回ったのですが、ことごとく反対されました。曰く、コーポラティブハウスは合意形成のための議論の過程が長すぎたり、融資や瑕疵保険の問題が絡んで途中で頓挫してしまうなど問題が多く、うまくいっても住み始めるまでに時間がかかる、というのです。そこで、それらの問題を解決するしくみを一つ一つつくり、コーポラティブハウスを事業化しました。たとえば、コーポラティブでは入居者が土地を共同で購入するのですが、途中で誰かが亡くなってしまった時のリスクがあるので、銀行は融資をしてくれませんでした。そこで、保険会社を巻き込んで亡くなった場合は生命保険で担保するということにして、銀行からの融資を受けるしくみをつくりました。当時は「コミュニティ形成の議論が少ない」とか「決まりばかりでコーポラティブハウスではない」などの批判を受けましたが、やがて受け入れられていきました。なぜならばそのほうが合理的だったからです。

住宅を創り続けることへの疑問

会社を立ち上げて、初めの一〇年は一つのものをしっかり集中してやろうと思っていましたので、五〇～六〇棟のコーポラティブハウスを手がけました。都市の基本は住宅ですから、都市問題を解決しているつもりで、コーポラティブハウスに集中していました。

しかし、一〇年が経った頃、住宅をこれ以上つくることにふと疑問を抱きました。日本の人口は確実に減少していくのに、住む場所をつくり続けることは時代に合わないのではないかと思うようになったのです。環境問題への関心も高まってきた時期です。そこで、リノベーションを考え始めたのです。住む人が減れば、建物が余るようになる。余った建物を壊して新しい建物をつくるより、余った建物をリノベーションして使うほうが、環境問題の視点から見ても有効です。その頃はまだリノベーションのマーケットは一般的ではありませんでしたが、マーケットができてきた時に、すでに自分たちが実績を持っていることが重要だと考え、いち早く手がけることにしました。

リノベーション事業に挑戦

リノベーションは経済的にも環境的にも、さらにデザインも良い、というメリットがありますが、当時はまだ一般的ではなく、まずはPRする必要がありました。その見せ場としてはホテルが良いだろう、ということでリノベーション物件第一号となったのが二〇〇三年に完成したCLASKA《クラスカ》というホテルです。築三四年のホテルをリノベーションしたデザインホテルで、「どう暮らすか」という問いに対する多様な答えを組み合わせ、ワークスペースやギャラリーを併せ持ったホテルとして再生しました。そこでも「消費者の立場に立つ」ことを徹底して、マンションを購入した時と同様に「実際に買ってみる」ならぬ「実際にやってみる」姿勢で、企画・設計・運営まで手がけています。その運営に携わり、ノウハウを自分たちが身につけることで、リノベーション事業が見えてくるようになってきました。

築34年の老朽化ホテルをリノベーションしたデザインホテル「CLASKA」

コミュニティ形成をキーワードに展開する企画・設計事業

その後は、子どもの職業体験施設であるキッザニア東京の企画・設計や軽井沢の別荘地オナーズヒル軽井沢などを手がけました。オナーズヒル軽井沢は分譲の別荘地でのコミュニティ形成を考えて企画・設計しています。別荘を買って、そこに来てただ泊まって帰るだけでは、ホテルと一緒です。そこで新たな出会いがあり、子どもたちが集まって森林体験をしたりしながら、コミュニティが形成されてこそ、新しいリゾートのあり方だと考えました。

最近は中国での仕事も多く手がけています。二〇一一年に家族で中国に移住し、北京でＵＤＳの現地法人として誉都思《ユードゥースー》を立ち上げ、その後上海にも拠点を拡げています。日本同様、「コミュニティ形成」を念頭に置いた商業施設やホテル、レストランの企画・設計・運営の仕事が多いです。中国では、一気に経済が成長する過程で失われてきたコミュニティを、どうにかしなければならないという思いがあります。その意味では、中国では日本以上に「コミュニティ」という言葉が強く響いていると思います。

専門性を持ちながらも、他領域の知識を蓄える

UDSでは原則、企画・設計・運営に部署が分かれていて、スタッフたちは企画から設計、設計から運営と、一つの仕事をバトンタッチしながら進めています。全部ができる必要はありませんが、企画のことがわかる人、運営のことがわかる人が設計をするなど、両隣の領域の仕事も理解する必要はあります。実際に各部は独立して専門性を持ってやっているけれど、社内で連携するなかで、他領域についても知識がついていきます。

そうやってバランスよくできるようになった人は、やがてUDSから独立していくことが多いですね。もちろん、そういう人の背中を押してはいますが、私の立場としては独立する人があまり多いと優秀な所員がいなくなってしまって困るのですが（笑）。

仕事の醍醐味・UDSの強み

実はこの仕事、醍醐味というか、「お、できたぞ」とひと段落する瞬間がないんです。設計が終わって建物ができ上がっても、そこが運営のスタートですから。ただ、運営も手がけることで、利用者からのフィードバックの声を直接受け取ることができます。

設計として「いいデザイン」をすることは当た

り前です。でも、そこから「素晴らしいデザイン」へのステップを上がるのは難しい。その両脇にある「企画」と「運営」の領域に少しでも関わることでデザインのクオリティは格段に上がってきます。最近は、環境や社会の条件が複雑で難しくなり、クライアント自身もどういうものをつくっていいのかわからなくなっていることが頻繁にあります。そういう時に、企画・設計・運営を一緒にやっていると、その間の微妙な行間を読み取ることができるんです。そこがUDSの強みですね。

ちょっと厳しい言い方になるかもしれませんが、今建築を学んでいる世代で、将来も日本で建築に携わることができるのは四分の一くらいです。あとは、海外の建築の仕事に携わる人が四分の一くらいでしょうか。人口減少時代の今、新築の市場は小さくなり、リノベーションだって限られてきます。多くの人は他の仕事をすることになるでしょう。そういう時代ですから、まずは他の分野でやってみることも必要だと思います。さらに言えば、ぜひとも海外に行って、仕事をしてみるべきです。将来の競争相手は海外の優秀な人材です。とにかくチャレンジをしないと生きていけない時代ですから、海外インターンに行ってみるとか、異業種を経験してみるなど、挑戦が必要でしょう。

そこでは建築学科で学んだ「コンセプトから二次元へ。二次元から三次元へ」と創り込んでいくプロセスが活かせるはずです。そのうえで、「やっぱり自分は建築がしたいんだ」と思ったら、戻って来ればよいでしょう。

2016年5月13日、UDS株式会社にて（聞き手：饗庭伸、構成：苫米地花菜）

ディベロッパー

「都市をつくりたい」と思った私は高校生の頃、ルシオ・コスタによるブラジリア計画に魅了され建築学科に進学した。その後、星の数程ある職業の中でディベロッパーになることを決意したのは、大規模再開発（ハード）×エリアマネジメント（ソフト）の両軸から他をはるかに凌駕する街づくりを行えると考えたからだ。この職業は社会の動向を敏感に捉え、街のビジョンを示し、さまざまな関係主体と合意形成を図りながら事業を推進していく、いわばオーケストラの指揮者のような存在とも言える。また、完成後も土地建物の持ち主として、より魅力的な街にすべく、イベントの開催やコミュニティづくりなど長期的に活動し、持続可能な社会を形成していく。

社内には建物を企画・推進する開発部門、テナントを誘致する営業部門、建物を運営する管理部門など多岐に渡る組織があり、その中で私が所属する開発部門は各組織の知見を活かしながら複眼的に意見をすり合せ、エンドユーザーや地域社会に新たな価値を提供することが使命である。

ある一日の流れ

7:00 起床⇒ **8:30** 出社（秋葉原）⇒ **9:00** 社内会議⇒ **10:00** 資料作成⇒ **13:00** 物件調査⇒ **15:00** プロジェクトルーム（大手町）にて社外打ち合わせ⇒ **17:00** 資料作成⇒ **19:00** 退社⇒ **20:00** 懇親会⇒ **24:00** 就寝

働き方満足度★★★★★　収入満足度★★★★☆　生活満足度★★★★★

たとえば、私が担当していた東京・大手町地区の再開発事業では、街づくりの課題として賑わいのあるオープンスペースが不足していたため、計画段階から竣工後に賑わいやコミュニティが生まれる仕掛けをさまざまな形で施設に計画した。大規模開発であってもヒューマンスケールで街の賑わい創出に寄与することで行政からボーナス（容積緩和）を受ける制度もある。また、近年は大規模開発に限らず、社会の変化に対応した新たな事業も展開している。ハイブ・トーキョーは数年空室が続いた古いオフィスビルを、外国人ワーカーやベンチャー企業向けのサービスアパートメントとシェアオフィスにコンバージョンした複合施設である。これは、先進的な取り組みを行っている企業とコラボレーションし、パソコンが一つあれば暮らすことも働くこともできる新しいワークスタイルに対応した空間を創出した例である。このように、新規開発計画にもコンバージョン計画にも通底しているのは、我々は単にハードだけの街づくりではなく、そこで働き生活する人々の行動・生活自体をデザインしているということだ。

超高齢・人口減少社会に突入し、ブラジリアのようにゼロから都市をつくるだけで人が集まる時代は終わり、箱（建物）と中身（サービス）をセットで提供しなければならない時代が来ている。また、シェアリングエコノミーの到来はこれまでの人の生活を劇的に変化させている。そのなかでディベロッパーに求められているのは、街の歴史・文化に合わせて企画構想し、かつ時代の変化に応じて人・街が適応進化していく環境（価値）を創ることであろう。

石橋一希 いしばし かずき ／ 1988年生まれ。NTT都市開発㈱（執筆当時）。首都大学東京大学院都市環境科学研究科博士前期課程修了後より現職。担当プロジェクトに、大手町二丁目地区再開発事業、ハイブ・トーキョー。バイト経験／カフェ、ティーチングアシスタント。週休／2日。休日の過ごし方／離島旅行と音楽鑑賞。

都市再生

ＵＲ（都市再生機構）は、独立行政法人という公的機関だが、都市再生の事業を行うなどディベロッパー的側面も持つ組織である。ＵＲの業務には、都市再生の推進、ＵＲ賃貸住宅の管理、災害時における復興支援などがあるが、ここでは都市再生について紹介しよう。

都市再生の業務には、大都市の都心部再開発などの拠点整備や、地方都市の再生、密集市街地の整備などがあり、本来は地方自治体の仕事なのだが、再開発、区画整理などの事業やそのためのコーディネートには専門的な技術が必要なので、地方自治体だけでは難しい場合にＵＲが支援する。また、大都市の再開発は民間ディベロッパーも手がけているが、権利者が多く時間がかかる事業や、幹線道路や駅前広場など大規模な公共施設を整備する地区では、民間だけでは難しいのでＵＲの出番がある。

都市再生の仕事は、まちづくりの構想・計画づくりのコーディネートから始まる。これは地方

ある一日の流れ

7:00 起床⇒ 9:00 出社⇒資料作成⇒社内会議⇒地方自治体との打ち合わせ⇒地元協議会出席⇒ 21:00 帰宅⇒ 24:00 就寝

働き方満足度★★★★★　収入満足度★★★☆☆　生活満足度★★★★☆

自治体から相談を受けて行うが、必要なら業務の一部をコンサルタントなどに委託し、調査や計画づくりを進める。計画ができたら、事業手法や都市計画などの検討、地方自治体のトップまで含めた方針確認、地権者の合意形成、事業採算性の検証など、さまざまな観点からの実現可能性をチェックするが、問題があれば見直すこととなり、何度も繰り返して計画の成熟度を上げてゆくのが一般的である。

事業が始まれば、事業に必要な手続きを進めることになり、許認可する部署との調整、地権者との合意形成、パートナーシップを組む民間事業者との協議などを並行して行うが、これらの業務はURの職員だけではなく、コンサルタントや設計事務所、地方自治体の担当職員などと一体となって仕事を進めるので、多くの人たちとのチームワークが重要である。

URは、国有地を種地として日本の中枢機能が集積するエリアを段階的に再開発する「大手町連鎖型再開発プロジェクト」、虎ノ門における日比谷線新駅の整備、東京駅前再開発のバスターミナル整備、大阪の新たな拠点「うめきたプロジェクト」など、公共性が高く、難易度が高い事業に取り組んでいる。プロジェクトの構想から完成まで十年以上かかることも多く、経済状況の変化などで事業が止まることもあるが、事業のスケールが大きく難しいほど、それが完成した時の喜びも大きい。このような事業の実現に関われることが、URの都市再生の醍醐味である。

栗原徹 くりはら とおる ／ 1959年生まれ。UR所属。東京大学工学部都市工学科卒業後、現職。主なプロジェクトに、晴海トリトンスクエアなど。週休／2日。休日の過ごし方／街歩き。

鉄道会社

鉄道会社は一般的には、鉄道・バス等の運輸業、百貨店・スーパー等の流通業、不動産業、ホテル等のレジャー・サービス業など、多様な業種で構成される複合的な生活関連サービス事業者である。京王電鉄で入社後に働くフィールドは、事務系においては、ダイヤ改正や駅舎改良などを通じたお客様サービスの向上並びに駅等の資源を活用した収益向上策の企画・立案を行う「鉄道部門」のほか、不動産の開発、ショッピングセンターの運営・管理を行う「開発部門」、事業管理やグループ会社間の連携強化、新規事業の企画・立案等を行う「一般管理部門」などがある。また、総合職は、「京王グループの経営幹部」を担うことが期待されており、さまざまな経験が積めるよう、グループ会社への出向も含めて、ジョブローテーションが活発に行われている。

私が所属する沿線価値創造部においては、子育て支援事業として東京都認証保育所・認可保育所「京王キッズプラッツ」や、学童保育クラブ「京王ジュニアプラッツ」などを展開しているほ

ある一日の流れ

6:00 起床⇒複数の新聞で業界動向等をチェック⇒ **8:30** 出社⇒社内打ち合わせ・書類作成・社外会議⇒ **19:00** 退社⇒夕食・読書⇒ **24:00** 就寝

働き方満足度★★★★☆　収入満足度★★★★☆　生活満足度★★★★☆

か、二〇一五年度には小さい子どもがいる女性の就業支援施設「京王ママスクエア」を新たに開業した。その他にも、家事代行等の生活支援サービス「京王ほっとネットワーク」、介護付有料老人ホーム「アリスタージュ経堂」など、「住んでもらえる、選んでもらえる」沿線づくりに向けた施策を一体で運営することで、少子高齢化が進むなかでも、長期的に沿線の人口流入、定着を実現することを目的としている。

直近では、認可保育所を併設した子育て支援マンション「京王アンフィール国領」を開業したほか、シニア向け事業として聖蹟桜ヶ丘駅において介護付有料老人ホーム「チャームスイート京王聖蹟桜ヶ丘」およびサービス付き高齢者住宅「スマイラス聖蹟桜ヶ丘」を開発している。

グループ会社も含めて沿線の拠点開発に注力しており、二〇一四年度には井の頭線吉祥寺駅に商業施設「キラリナ京王吉祥寺」、二〇一五年度には京王重機ビルの再開発事業として複合ビル「メルクマール京王笹塚」を開業したほか、二〇一七年度には、調布駅付近連続立体交差事業により地下化した調布駅地上部周辺において商業施設の開業を計画するなど、駅周辺の再開発にも積極的に取り組んでいる。

私自身、グループ会社への出向も含めて多様なキャリアを経験してきたが、鉄道会社においては、ハード・ソフト両面の観点から街づくりに携わるチャンスがある。少子高齢化が進むなか、沿線が将来にわたり活力を維持できるサイクルをつくり上げるための沿線活性化が使命だ。

芦川正明 あしかわ まさあき ／ 1969 年生まれ。京王電鉄株式会社戦略推進本部沿線価値創造部企画担当課長。明治大学法学部を卒業後、1992 年に入社し、広報部、経営企画部、京王不動産（株）への出向を経て 2012 年から現職。週休／2 日。休日の過ごし方／街歩き、スポーツジム等。

建築・不動産プロデュース
〈リノベーション〉

不動産会社と一口に言っても、街場で賃貸管理を行う会社から、大規模な再開発事業を行うディベロッパーまで幅広いが、リノベーションを専門として建築や不動産をプロデュースする会社はまだまだ数多いとは言えない。それはなぜか？　高度経済成長期に築かれた大量生産かつ新築至上主義を前提としたビジネスモデルがまだまだ多いことが一つの原因と思われる。人口が減少局面を迎え、空き家問題が叫ばれるなかでも、住宅購入における不動産取引の新築：中古の比率はおおよそ85：15と、未だ新築のほうが圧倒的に多いことからもそれは伺える。

では、リノベーションを軸として不動産事業を行うためにはどんな能力が必要なのだろうか？　まずはそれぞれの既存建物の魅力を見極める力だろう。一から建物を創りあげる新築とは異なり、既存建物の性能の見極め、さらにそのつくられ方や背景、ともするとその土地や建物の歴史なども辿ってみることで、見えるものが異なってくる。現実的には、物理的にできることの見極めも

ある一日の流れ

6:30 ランニング⇒メールチェック⇒プロジェクト定例ミーティング⇒ランチミーティング⇒プロジェクト定例ミーティング⇒物件見学①⇒物件見学②⇒資料作成打ち合わせ⇒夜会食（ほぼ毎日）⇒ **25:00** 就寝

働き方満足度★★★★☆　収入満足度★★★★☆　生活満足度★★★☆☆

重要だが、まずは既存建物の中に含まれるポテンシャルを見極める力がないと、次のステップへ進めない。もちろんダメなところの見極めも重要だ。それが前提となり、建物をどのように再生すべきかの方向性が見えてくる。次に必要なのは、マーケット分析力だ。建物がリノベーションを必要とする原因は、ハードの老朽化だけではない。そのままのソフト（使われ方）ではマーケットのニーズとずれが生じていることも原因だ。老朽化したものをただ新しい状態に戻すことで解決するのであれば、いわゆる原状回復、リフォームで十分だ。ものが足りなかった時代とは異なり、あふれるほどものがある時代。同じものをいくつ創れるかが価値の時代ではなくなった。まさに、そこに何があるべきかを一つ一つ読み解くマーケット創造力が必要だ。

これらを軸として、リノベーションビジネスを創造するために、不動産、設計、施工を含めた幅広い知識と経験が必要なのである。あえて、基礎知識として必要なことから書かなかったのは、発想の原点が、新築を軸とする不動産、建築事業者とは正反対だと思うからだ。

あるものをどう活かすか？　プロダクトありきの発想（プロダクトアウト）ではなく、マーケットに求められるものは何かを見極めるという発想（マーケットアウト）、大量生産・大量消費という概念と正反対の発想が、リノベーション事業を行ううえでは必要だ。要は、社会環境の変化に対応する力や柔軟性だと思う。多様性が求められる時代だからこそ、よりしなやかに生きていくための力がより強く求められている。

内山博文 うちやま ひろふみ ／不動産事業コンサルタント、（一社）リノベーション住宅推進協議会会長。1968 年愛知県出身。1991 年筑波大学卒業。1996 年都市デザインシステム（現 UDS）に入社。2005 年（株）リビタを設立し、リノベーションのリーディングカンパニーへと成長させる（2016 年 5 月まで常務取締役）。週休／1 日？（笑）。休日の過ごし方／トライアスロンのためのトレーニングと家族サービスの両立を狙う。

建築・不動産プロデュース

〈コーポラティブハウス〉

建築・不動産プロデューサーとは、顧客と建築家をつなげる、そして、そのための仕組みをつくる仕事である。私たちはこうしたプロデュース業務のうち、小規模な集合住宅をコーポラティブ（入居希望者が組合を設立し、共同で事業を進める）方式で成立させる業務を専門としている。

担当プロデューサーは、計画地の情報入手と確保、建築計画の立案、入居者の募集・説明、組合の設立・運営支援から、引渡しまで、専門能力を生かしてプロジェクト全体をリードする。特に重要なのが建築計画で、戦略的な視点からコンセプトをまとめて、第一線の建築家とともに、その街、その場所、その位置ならではの魅力を生かした「日々、居心地のよい」空間を具体化していく。関係先は他に、不動産仲介業者、金融機関、施工業者、管理会社等で、この方式の特徴への深い理解と長期的な信頼を得ることが必要である。そして住戸取得予定の組合員とも協力関係を築き、建設的な議論を重ねながら事業を進捗させて、組合員の期待以上の住まいを生み出す。

ある一日の流れ

6:30 起床⇒犬とお散歩・朝食⇒ 9:00 出社⇒進捗確認⇒現地視察⇒打ち合わせ⇒ 19:00 退社⇒帰宅、犬とお散歩⇒ 20:00 夕食、読書、音楽⇒ 24:00 就寝

働き方満足度★★★★★　収入満足度★★★★★　生活満足度★★★★★

プロデューサーに求められる主な資質には、組合や協力先等とのコミュニケーション能力、段取り良く計画を進捗させるプロジェクトマネジメント能力、印鑑紛失や地中障害、工事費調整などさまざまな阻害要因を解消していく問題解決能力が挙げられる。そして何よりもプロフェッショナルマインド、つまり、建築への深い理解の下に、顧客のために自らを動機づけて専門能力を高める、という心構えが重要である。

仕事の醍醐味は、組合員の声を伺うときに感じられる。竣工検査のときに、「わー」と感嘆の声が上がり、中には涙ぐむ方も。ご入居されて数年後にお伺いしても、「何度も打ち合わせしながらつくったので愛着があります」「自分だけの居場所ができた」「休みの日も、家に居ることが多くなりました」「おとうさんがたくさんいて楽しい」「お客さんがきて『あ、もう一〇時過ぎ』と気づくといった感じ」と心から喜ばれているご様子を嬉しく思う。人が住まいをつくる、住まいが人をつくる、という建築の力を目の当たりにする。

実績は、都内を中心に一〇〇棟以上になる。このように優れた建築が集積して街並みを形成する。また、この組合方式による小規模な集合住宅プロジェクトは、木造密集地域における共同建替えに適し、豊かな路地空間を備えた低層でヌケのいい住環境を職住近接地域に生み出す。地震火災を抑えるためには不燃化対象の家屋数は都内で一〇万棟規模、五棟ごとに共同建替えすれば二万件ものポテンシャルがあり、大学との共同研究も進めながら都市の更新に取り組んでいる。

織山和久 おりやま かずひさ ／ 1961 年生まれ。株式会社アーキネット代表取締役。学術博士。横浜国立大学 IAS 客員教授、法政大学大学院特別兼任講師。東京大学経済学部卒業後、三井銀行、マッキンゼーを経て、現職。著書に『東京　いい街、いい家に住もう』『建設・不動産ビジネスのマーケティング戦略』『アジア合州国の誕生』（大前研一氏と共著）ほか。週休／2 日。休日の過ごし方／犬とお散歩。

再開発コンサルタント〈企画〉

再開発コンサルタントの仕事は、広く言えば都市再開発法を使ってエリアの価値を上げることである。常に二つの極を見据えながら、求められるポジションで仕事をする。一方の極は、国やディベロッパーの戦略にもとづいて、都市の求心力を高める再開発がある。もう一方は、地元、行政、議会が都市の将来像を構築し、ディベロッパーの参画を誘導して、よりよい生活と都市の経済的発展を掛け算しようとする再開発である。

再開発事業における企画とは、再開発を検討する地元（主に土地・建物に権利を持つ地権者）の勉強会、協議会などの組織が再開発を進める目標を決定し、事業資金を立て替えてくれるディベロッパーを正式に事業協力者として決めるまでの仕事である。ほとんどの組織はこの時点で名称を、市街地再開発準備組合などに変更する。コンサルタントの役割は、まだ読めない事業リスクを量りながら、ステークホルダーを予想して利害関係を調整できる将来形をつくり、クライア

ある一日の流れ

6:00 起床⇒ **8:45** 出社⇒デスク作業⇒ **10:00** A 地区社内打ち合わせ⇒ **13:30** A 地区行政協議⇒ **15:30** B 地区ディベロッパー打ち合わせ⇒ **19:00** B 地区理事会⇒ **21:30** 短めの反省会⇒ **24:00** 就寝

働き方満足度★★★★☆　収入満足度★★★☆☆　生活満足度★★★★☆

ントとなる行政、地元、ディベロッパーとの信頼関係を構築することだ。また、行政との協議により都市計画を組み立てる都市計画コンサル、再開発事業成立の最適解を検証する事業コンサルなどの役割も担う。事業が成立するかどうかの検証は、施設計画、資金計画、権利者の生活設計、ディベロッパーへの保留床処分価額、など複数のファクターの調整であり、不動産鑑定士など各種専門家とのネットワークを駆使して折り合いをつける作業である。各クライアントの意向を大切にしながらも、誰かに偏ることなく「プロジェクトファースト」の軸がブレないようにする。

実際の業務はたとえば原案作成、ディベロッパーとの打ち合わせ、行政確認、地元中心メンバーとの意識あわせ、地元会議運営、反省会、原案の修正というローテーションだ。中堅であれば、二週間程のローテーションで二プロジェクト＋一企画くらいは動かすだろう。

グローバル化と都市の縮退が重なる時代にあっては、経済力と文化力によって多層的に富が集中する都市が生まれ、都市構造が再編される。その一方で、多様な形の幸福の追求と、人生のローテーションを丸ごと受け入れる社会福祉都市が求められるようになる。

再開発の仕事に必要な資質は？　と問われたら、「必ずできる」という意思があることと応えたい。都市再開発法は手続法と言ってよく、実際にどのような都市をつくるかは、私たちに任されているのだから。地権者からは人生がかかるような難題が次々に投げかけられ、チームは知恵とネットワークで答えを出す。気がつくとパートナーになり立場を超えて「仲間」になっている。

東濃誠 ひがしのまこと／1954年生まれ。再開発プランナー。株式会社日本設計所属（現企画推進部）。東京都立大学（現首都大学東京）都市計画研究室修了。4つの組合施行の市街地再開発事業を準備組合結成から事業完了までコーディネート。バイト経験／先輩のコンサルタント事務所で神戸市真野地区のまちづくり詳細年表作成。週休／2日。休日の過ごし方／家事。親の介護。家内と現代アート系美術館または自転車で近くの都立公園まで行く。

再開発コンサルタント〈プロジェクト〉

まちづくり事業の一つである市街地再開発事業において、再開発コンサルタントはほぼすべての事業関係者との間でまちづくりの目標を共有し、事業を完遂するために必要なコーディネートを行う。たとえば私の所属するＲＩＡはコンサルタントと設計事務所の二つの機能を備え、企画から建築設計まで再開発をトータルでサポートしている。

再開発は立案から完成まで通常一〇年以上の月日がかかるため、再開発コンサルタントは、骨格となる将来像を見据えつつ、時代の要請や社会構造の変化、技術の進歩、制度・規制の変更に柔軟に対応し、生き活きとした場所づくりへの提案を続ける必要がある。また、エリアのまちづくり組織は、再開発を行うエリアの土地や建物の権利者から構成されるため、再開発により個々がどのような生活設計（営業や居住を継続する、または地区外に転出する等）を実現するのかについても、個別の対話を繰り返しながら提案を行う。再開発は「事業」であるため、たとえば地

ある一日の流れ

6:30 起床⇒ **9:00** 出社⇒社内打ち合わせ・資料作成・行政打ち合わせ・現場打ち合わせ⇒ **18:00** まちづくり組織対応⇒ **20:00** 関係者と懇親⇒ **23:00** 帰宅⇒読書⇒ **25:00** 就寝

働き方満足度★★★★☆　収入満足度★★★★☆　生活満足度★★★★☆

価や工事費高騰、事業パートナーの撤退等の経済条件だけでなく、まちづくり組織の個々の合意形成の状況によっても、進捗が影響を受ける。こうした全体と個々の目標を両立させ、広場等の公共空間と建築の配置、用途や規模等の与条件を整理し、かつ事業としても成立すると、最終的に「まちづくり建築」としてプロジェクトが結実する。

再開発コンサルタントは、プロジェクトによっては、建築工事が着工するはるか前から現場に常駐し、まちづくりのプロセスに粘り強く向き合い続ける。しかも、まちづくり建築が完成しても、終わりではない。多人数の所有・利用による自律的なマネジメントを支援する提案も行う。

最近は、まちづくりワークショップを経験している学生が多いが、各プロセスの状況下での「気づき力」だけでなく、結果としてのまちづくり建築実現への「こだわり力」を持てることが望ましい。

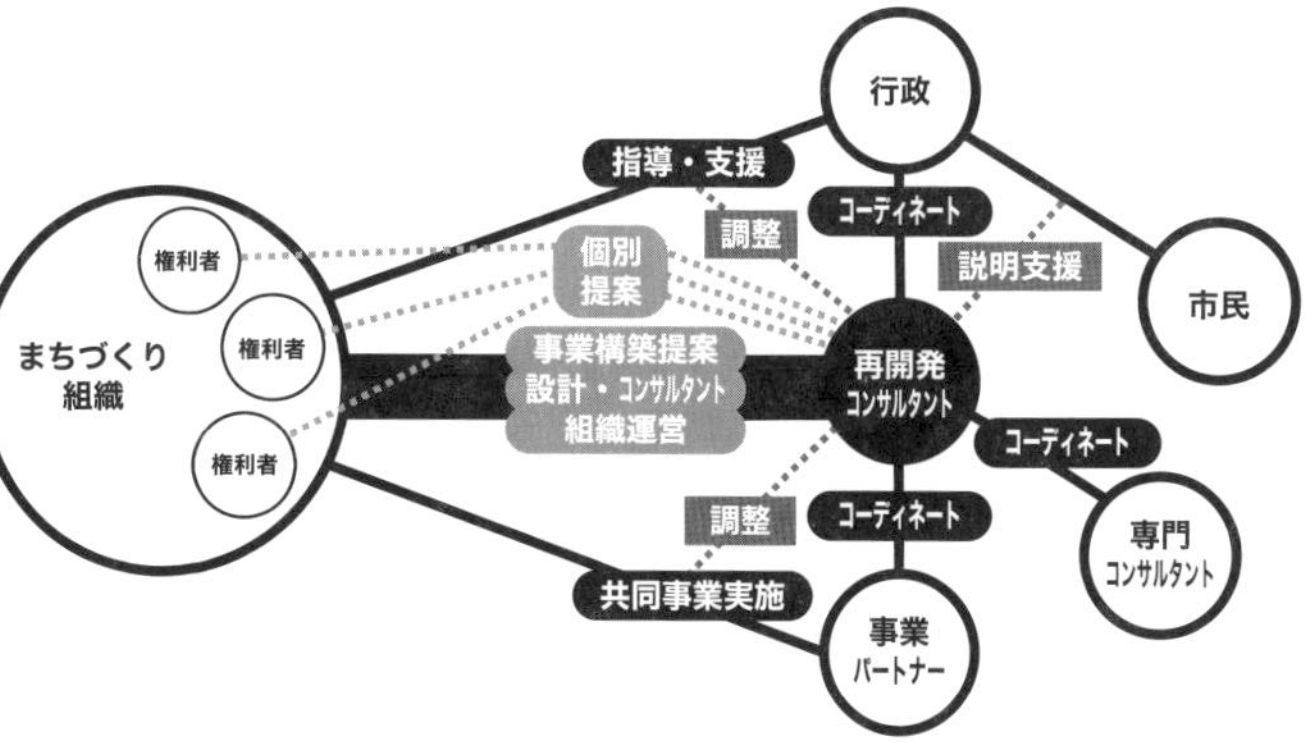

再開発事業に取り組む関係者の相関図

永澤明彦 ながさわ あきひこ ／ 1968 年生まれ。一級建築士・再開発プランナー。アール・アイ・エー東京支社計画統括部長。早稲田大学大学院修了後より現職。バイト経験／建築設計事務所。週休／2日（現場対応等あり）。休日の過ごし方／小学生サッカーの運営・大人サッカーの練習。

家守

不動産の管理・運営を行う傍ら、入居者の誘致や入居後のサポート、さらにはまちの運営にも携わる人もしくは組織を「家守」と呼ぶ。

もともと家守は江戸時代に不在地主に代わり長屋の管理・運営を行っていた職業だった。江戸の長屋は不在地主が多く、家守は彼らに代わり地代や家賃を徴収したり、時には借家人の面倒を見たりしていた。さらには公用や町用も担っていた。江戸のまちには二万人を超える家守がいたという記録も残っている。家守は明治に入っても存在していたが、時代とともに不動産やまちのありようが変わると、徐々に姿を消していった。それ以降、家守が担っていた役割は専門分化され、それらは不動産屋や共同住宅の管理人などの個別の職業として存在してきた。

現代において家守が復活したのは、今世紀に入り不動産のマネジメントにおいて入居者のサポートやまちづくりとの連携など、従来の枠組みでは対応が難しい要素が必要となってきたためで

ある一日の流れ（現場スタッフの場合）

7:00 起床⇒ 9:30 出社⇒運営会議・イベント計画・問い合わせ対応・地域対応⇒ 18:30 退社⇒ 19:00 帰宅⇒夕食・読書⇒ 24:00 就寝

働き方満足度★★★★★　収入満足度★★★☆☆　生活満足度★★★★☆

ある。現代では重点を置く領域により性格の異なる家守が存在する。リノベーションを活用したまちづくりに取り組む家守もいれば、インキュベーション（起業・ビジネス支援施設）やシェアオフィス、シェアハウスなどを運営する家守もいる。さらには大規模複合施設の運営やエリアマネジメントを担う家守も存在する。しかしいずれの場合も、不動産、人、まちという領域にまたがりマネジメントを行うという点は共通している。

家守にはこれらの領域の知識が求められる一方、マネジメントやマーケティングといった能力も必要となる。また、不動産オーナーや入居者、地域住民など立場の異なる多様な人々とのつきあいが生じるため、コミュニケーション能力も不可欠である。家守になるためには、前出のような家守を実践する職場に入り経験を積むか、あるいは不動産業やまちづくりの現場において経験を積み、そのうえでさらに必要な領域の知識を学ぶといった方法などがある。

家守が活躍できる場は都市部に限らない。空き家や休耕地などが存在する過疎地域から都心繁華街、さらには大規模な複合施設に至るまで、家守が能力を発揮できる場は多様である。また、不動産企業や行政、商店街といった組織の中においても活躍の機会は存在する。家守は現状まだ認知度が低く職業として確立しているとは言いがたいが、今後は不動産やまちづくりの領域を中心にその職能はますます必要とされるようになっていくだろう。

橘昌邦 たちばな まさくに ／ 1967年生まれ。タウンプロデューサー／家守。株式会社POD共同代表。東京理科大学理工学部建築学科卒業後、渡仏。帰国後、株式会社アフタヌーンソサエティに入社。家守を自ら実践後、独立し現職。バイト経験／工務店、家庭教師。週休／ 2 日。休日の過ごし方／まちあるき、イベント。

まちづくりベンチャー

新しい〝場〟づくり

株式会社ツクルバ／中村真広

再開発の裏側で

私は二〇一一年「ツクルバ」という会社を共同創業した。日本全国に展開する会員制シェアードワークプレイス事業「co-ba」を皮切りに、人が集まる機会と場所を提供するパーティクリエイション事業「hacocoro」、リノベーション住宅の流通を促進する不動産のオンラインマーケット事業「cowcamo」を展開してきた。また、社内組織として「tsukuruba design」を設置し、オフィス・店舗・住宅などジャンルにとらわれない空間デザイン・プロデュース事業を行っている。創業から約五年。ツクルバはグループ全体で、社員・アルバイト含め約一〇〇名の会社になった。

私が東京工業大学で建築を学び始めたのは二〇〇三年。ちょうどその年に六本木ヒルズが完成し、その後に続く大規模再開発プロジェクトが次々に東京の風景をダイナミックに変えていった。一方、再開発の逆サイドでは都心の物件の空室が問題になり、それを逆手に取って展開し始めていた「東京R不動産」や「ブルースタジオ」による鮮やか

ある一日の流れ

7:00 起床⇒メール等での朝のやり取りを済ませて **9:00〜10:00** 出社⇒各事業に関するプロジェクトの会議、企画書の作成、原稿執筆など⇒ **21:00** 退社⇒会食し帰宅⇒メール等を済ませて読書⇒ **25:00** 就寝

働き方満足度★★★★★、収入満足度★★★★★、生活満足度★★★★★

な実践に憧れを抱きつつ学生時代を過ごしていた。当時はまだ建築界でも大きな潮流になっていなかったストック活用だが、再開発の裏側ではリアルに感じる変化の兆しが確かにあった。

学部から大学院へと進学し、東京工業大学の塚本研究室にてさまざまなプロジェクトに関わる機会があった。その中でも東京・渋谷にある宮下公園の改修計画に関わらせていただいたことから、建築を設計することよりもプロジェクトを仕掛ける側に興味を持つようになる。しかし、建築設計の道しか考えてこなかった自分にとって、どんな職業なら街や建築と関わることができるのか、建築設計以外の選択肢がわからず将来に悩んでしまった。そんなときに、恩師・塚本由晴氏から「枠組みをデザインすることを考えなさい」と助言をいただいた。今でも立ち戻る原点である。

枠組みをデザインする

たとえば、次世代の街並みをつくる建築。その地域に住む人々の生活を変える建築。社会の変化のなかで少し先を提案するような建築。そんな自分が素敵だと思える建築が生まれるための枠組みをデザインするとしたら、どのような「言語」を習得したほうがいいのだろうかと考えた。「まずは建築ができる前段階を知ろう」と考えて、不動産やビジネスの言語を学ぶために、不動産ディベロッパーに新卒で入社した。しかし、リーマン・ショックの影響を目の当たりにし転職。「次は建築の竣工後をつくる仕事をしたい」と、ミュージアムデザイン業界へ移り、グラフィックやデジタルコンテンツ、オペレーションに関するデザイン言語について学ばせてもらった。さまざまな業界の言語を習得するほど、より広がりのある枠組み

中村真広 なかむら まさひろ ／ 1984 年生まれ。株式会社ツクルバ代表取締役エグゼクティブ・プロデューサー。東京工業大学大学院建築学専攻修了後、不動産・展示デザイン業界を経て、2011 年「株式会社ツクルバ」を共同創業。建築・不動産・テクノロジーを掛け合わせた事業のプロデュースを行っている。バイト経験／家庭教師、カメラ販売員、ホテルマン等。週休／2 日。休日の過ごし方／街の散策と観察。

をデザインできるような感覚があった。

そして、渋谷でツクルバを友人の村上浩輝と共同創業した。空間と人と、その間で生まれるインタラクティブな現象と、そこを満たす人々の想い。これらすべてをひっくるめたような場を生み出す会社をつくりたい。これが社名の由来である。

想いがシンクロし、一気に駆け抜ける

最初のプロジェクトとして、シェアードワークプレイス「co-ba shibuya」を立ち上げた。「自分たちの働く場は自分たちでつくりたい」という想いで、まだ黎明期だったクラウドファンディングを活用し、共感してくれる仲間と資金を集めて、海外のコワーキングスペースの視察に行き、そして空間設計からＤＩＹでの施工までを駆け抜けた。

「co-ba shibuya」は、二〇一一年一二月のオープン前に約四〇人の会員を集めて開業し、数か月で初期費用を回収、半年後には増床するまでに一気に成長した。自分たちの想いと共感する人たちの想いが重なり、時代の大きな流れとシンクロするとき、その場の熱量はヒートアップする。そしてそういう場には、人々の想いが集まり、交差して、何か予期しないことが起こる気配があるのだ。

与えられた環境を当たり前だと思うのではなく、もっとこうなったらいいのに、とそれぞれがアクションをすることは、とても素敵だと思う。このアクションとは、起業のような一大決心ではなく、人生をより楽しむためのちょっとした工夫のことだ。どんな小さなチャレンジでもいい。自分の環境を少し変えようとする一歩が大切だと思っている。社会全体を変える大きな革命だって、目の前の誰かの心を動かす小さな変化だって、想いのある一人の行動から始まるはずなのだ。ある人の想

いが伝播して、別の人が次のアクションをする。ドミノ倒しのような想いの伝播は、結果として社会をより良いものへと進化させていく。この想いの伝播を支える「場」の力こそ、創業以来ずっとツクルバが大切にしてきたものである。

未来を発明し続ける企業

現在のツクルバは、空間設計はもちろん、事業プロデュース、広告クリエイティブ、不動産流通、メディア運営、編集、コミュニティマネジメント、イベントプランニング、飲食オペレーション、そしてＩＴ領域のエンジニアリングに至るまで、多様な職能のメンバーで構成され、これまでにつくってきた事業は、実空間だけでなく情報空間まで横断するものになってきている。結果、自分の肩書を何と表現したらいいのか悩ましいのだが、スタンスとしては建築家を目指していた学生時代から変わっていない。これからもより良い社会の構築のためにアクションを続けていくつもりである。

世代を超えて長く愛され続ける建築をつくるように、自分がいなくなった後も未来を発明し続ける企業をつくりたい。ツクルバという企業をつくることが、塚本氏からいただいた「枠組みのデザイン」という言葉に対する自分なりの答えである。そしてツクルバが、建築を志す後輩たちの道標のひとつになったらこれほど嬉しいことはない。

co-ba shibuya 立ち上げ時、施工中に共同代表の村上浩輝と筆者（左）

まちづくりベンチャー

街に寄り添い、お金を生むまちづくり

addSPICE・京都移住計画／岸本千佳

空き家相談から管理まで一人で担う

二〇一四年に東京から京都へUターンし、一人で不動産企画の事務所・addSPICE を始めて二年半になる。仕事の仕組みは、物件オーナーから建物をどう活用したらいいかという相談を受け、建物や立地にハマる企画を提案、企画が通れば借り手を募り、入居後の管理まで担う。設計・施工は適切な相手に外注し、プロジェクトごとにチームを編成する。通常、オーナーが各業者に依頼するところを一括して受けることで、企画の一貫性やオーナーの経済的・精神的コストが軽減できる。また、物件に応じた柔軟な対応が求められるため、大手が参入しづらく、さらに建築と不動産を横断した知識を要するため、建築学科を出て不動産の実務を経た私の特異性も発揮できる。

たとえば、現在宇治市で「中宇治 yorin」というプロジェクトを進めている。宇治は平等院やお茶で有名な歴史ある街だが、観光通りの店は画一的で、雰囲気よく食事できる店が見当たらない。地元の人が楽しめる店も意外と少ない。そんな宇治

ある一日の流れ

7:30 起床⇒ **10:00** 現場打ち合わせ⇒ **12:00** 昼食⇒ **13:00** 事務所で提案資料作成等⇒ **20:00** 退社⇒ **21:00** 飲みに行く⇒ **24:00** 帰宅⇒ **25:00** 就寝

働き方満足度★★★★☆、収入満足度★★☆☆☆、生活満足度★★★★☆

に危機感を覚えた地元の方と組み、町家と建具工場だった建物を、小商い三店舗（フレンチビストロ・焼菓子・ヘアサロン）と地域の寄り合い所を併設する場へとリノベーションを施した。小商いには二〇組に応募いただき、解体前の現場見学会には一〇〇名以上の方が来られ、関心の高さが窺えた。中宇治には残す価値のある空き家が点在しており、この建物を皮切りに中宇治の空き家を活用し、エリアとして長期的に街をリノベーションしていく予定である。

お金を生むまちづくりを目指す

幼少期から建築家になるんだと心に決めていた。高校は文系コースだったのに諦めきれず、浪人して理系に転じ、入試科目に物理の無い環境系の建築学科の大学に入学した。しかし、授業を受けるなかで、自分には設計の適性は無いし、これでは食えないなと見切りをつけてしまう。それでも建築のことは、在学中に世界一周したり、第一線で活躍する建築関係者を大学に招いた講演録を書籍化するなど、自ら動くことで学んだ。設計は諦めても建築領域には多くの可能性があることを知り、街を動かす仕組みづくりに関心を持つようになった。ただ、NPOや行政のまちづくりにはどこか懐疑的な気持ちがあって、私がやるべきことは「お金を生むまちづくり＝不動産」なのではないかと仮定し、東京の不動産ベンチャーに入社した。

東京での存在価値

入社した会社は、不動産の企画から仲介・管理まで幅広い事業を行う会社だった。特に二〇〇九年以降は空前のシェアハウスブームで、在職した五年間で約四〇棟のシェアハウスを社内でつくった。また、二〇一一年には、DIY賃貸の事業を

岸本千佳 きしもと ちか ／ 1985年生まれ。不動産プランナー。addSPICE主宰。滋賀県立大学環境建築デザイン学科卒業後、東京の不動産ベンチャーを経て地元京都で独立。著書に『もし京都が東京だったらマップ』。バイト経験／地中美術館、接客業多数。週休／不定休。休日の過ごし方／読書と散歩。

社内で自ら立ち上げ、順風満帆に働いていた。

しかし、しばらく働いていたある日、違和感が沸く。業界内の諸先輩方と親しくなるほどに、東京での自分の存在価値はたいして無いんじゃないか、と気づいてしまったのだ。私が東京に居たところで、世の中にとっても自分にとってもよいことがあるのか。でも京都だったら、東京よりも圧倒的にプレイヤーが少ないし、もしかしたら必要とされる仕事があるかもしれない。そして扱う素材（建物）が魅力的だ。そんな仮説を立て京都に帰ることにした。京都に地元愛があったというよりは、自分で仕事をするなら少なくとも東京より成立するだろう、というある種冷ややかな判断だった。

京都でゼロからのスタート

とはいえ、不動産という場を扱う性質上、京都では人脈も土地鑑も一から築き上げなければならなかった。京都では驚くほど物件が市場に流通しておらず、目視できる空き家の数に対して圧倒的に少なかった。そこで物件が流通しないのなら、直接物件オーナーと結びつく仕組みが必要と考え、東京で関わっていた「ＤＩＹＰ」という、改装できる賃貸だけを集めたサイトを京都でも運営させてもらった。結果、始めてから一年で五〇件程が掲載に至っている。

京都移住計画

Ｕターン後、自身の不動産企画の仕事とは別に、「京都移住計画」というプロジェクトに不動産担当として関わっている。移住をするには、職と住を一緒に考える必要があり、求人の専門である代表の田村篤史と組み、求人情報と物件情報のウェブ掲載や有料の職住一体相談会などの事業を行っている。他のメンバーも、ウェブデザイナーやラジオDJといった自分の仕事を持ち、各々の分野で移住計画に関わっている。また、メンバー自身が皆移住者であり、分野を超えて想いを共有できる人が居るからこそ、行政主導の移住施策とは一線を画し、独自の市場が形成できている。

最近では、高齢者の家の一室を若者に貸し、高齢者と若者が同居するという「次世代下宿」の事業を京都府と共同でスタートさせた。社会人になって八年、まちづくりは不動産を使って事業化できる、という大学時代の仮説は当たっていたようで、ようやく実現に近づいてきた感覚がある。大学の頃から考えていることはさして変わっていないが、経験を蓄え、時代や状況に応じて手段を軌道修正できたことは功を奏しているように思う。

「中宇治 yorin」現場見学会の様子

まちづくりのパートナー【寺院】

應典院

寺院はかつて、さまざまな役割を果たすまちの拠点だった。病院や薬局であり、教育機関であり、福祉施設であり、食堂であり、戸籍などを管理する役所的な機能も持っていた。地域によっては銀行の役割も果たしたという。ところが、まちの近代化にともなって諸機能はそれぞれの施設へと分離される。寺院に残された機能は少なくなり、場合によっては「葬式ばかりしている」と揶揄されることもある。

應典院《おうてんいん》は「葬式をしない寺」として有名だ。代表の秋田光彦さんは、近代以降の寺院が減らしてきた役割を、逆に増やし続ける人である。秋田さん自身が演劇や映画の仕事に携わった経験があることから、應典院を劇場化することに熱心だ。さまざまな劇団がここで公演を行っている。当然、宗教を超えて多様な人が應典院へと集まることになる。他にも、コミュニティシネマ、アートプロジェクト、公開講座、ワークショップなど、地域の人たちが集まるきっかけをどんどんつくり出している。私も何度か講演させていただいたが、そこが宗教施設であることを忘れてしまうほど敷居が低く、いろんな人が集まる場所になっていることに驚かされた。

「寺院消滅」の時代だと言われるようになって久しい。檀家が減っているから何もできないと嘆くこともできよう。かつてのような多様な役割が剥ぎ取られてしまったのだから仕方ないと諦めることもできよう。しかし、そんな時代においても多様な人々に求められる場所であり続ける寺院がある。その工夫や努力や発想の中に、まちづくりが目指すべき方向性を見つけることができるだろう。(山崎亮)

應典院／1614年に創建された大蓮寺の塔頭寺院で、1997年の再建時にかつてのお寺が持っていた諸機能に特化した「地域ネットワーク型寺院」として生まれ変わった。円形型ホール仕様の本堂や、セミナールーム、展示空間などを備え、さまざまな活動に用いられている。
大阪府大阪市天王寺区下寺町 1-1-27 ｜ http://www.outenin.com/

CHAPTER 4

まちづくりを支える調査・計画

多くの人が関わるまちづくりにおいては、まちの課題を理解し、分析し、共有し、合意を形成して目標を立ててゆくことが必要であり、そのときに欠かせない調査や計画の仕事を紹介する。まちづくりに知恵や知識を与えたり、それを情報として流通させる仕事であり、まちのさまざまな課題についての高い専門性と、使いやすい情報をつくる力が求められる仕事である。[饗庭伸]

街と人をつなぐ、“メディアとしての場”をつくる

株式会社リライト
籾山真人

もみやま まさと／1976年東京都生まれ。2000年東京工業大学社会工学科卒業、2002年同大学院修了。同年アクセンチュア㈱入社。経営コンサルティング業務に従事。マネージャーとしてクライアント企業のマーケティング戦略の立案などに携わる。2009年に同社退職、現在に至る。

街と人のつなぎ役

リライトは「街」と「人」をつなぐことを目指して、異なるバックグラウンドを持ったメンバーが集まった組織です。現在、グループ全体のメンバーは二〇名ほど、それぞれ独立採算で運営される四つの会社（＝事業部）で構成されています。

にぎわいを生む仕掛けやコミュニティづくりを手がけるリライトC_、ウェブから紙までさまざまなコンテンツを手がけるW_、建築設計を手がけるD_と、空間をプロデュースするU_。

特徴は、従来の都市計画コンサルやまちづくりコンサル、プロデュース会社のように、調査や企画業務だけにとどまらないということ。ハードからソフトまで、すべてのアウトプットに関わっているところでしょうか。

建築や空間はもちろん、そこで開催されるイベ

籾山真人さん（右から６人目）とリライトのメンバー。領域横断型の組織でまちづくりに取り組む

ントの企画・運営やフリーマガジンなどのコンテンツ制作まで。場づくりやまちづくりに必要な機能を持ち、「街」と「人」のつなぎ役になるというのが、リライトの主な業務です。

まちづくりに関われる魅力的な仕事がなかった

そもそも私は学生時代、東京工業大学の社会工学科で都市計画を専攻していました。入学当初は「建築家になりたい」と言っていたのに、いつしか「自身の興味は建築ではないのでは？」という疑問にぶつかります。

修士論文のテーマは、東京二三区内の広域集客型の商業エリアを対象に、街が雑誌などのメディアの影響をどのように受け、いかに商業的に変容してきたか。そうした研究を通して、「にぎわいのある街は、どうしたら計画できるのだろう？」と考えるようになりました。

ただ、就職活動をしていた二〇〇一年当時は、まちづくりに関われる仕事といえば、行政かNPOか、まちづくりコンサルくらい。どれもあまり魅力的な選択肢とは感じられず、悩んだ末に入社したのは、アクセンチュアという外資系経営コンサルティングファームでした。

もちろん英語が得意だったわけでも、経営コンサルタントになりたかったわけでもありません。選んだ理由は「起業するならリクルートかアクセンチュアか」といわれる人材輩出企業だったから。

アクセンチュアでは、主に国内大手製造業向けにマーケティング戦略の立案などを担当、若手の頃から数多くの提案業務を任せてもらい、当時の上司にはかなり鍛えられました。本当は三年くらいで辞めようと思っていたのに、上司や同僚にも恵まれ七年も勤めてしまったほど（笑）。

そして、三〇歳を過ぎた二〇〇八年。ちょうどリーマン・ショックが起こったこと、また「年齢を考えると、起業する最後のチャンスかな」と感じ、ついに退職を決意、リライトを立ち上げました。

個人的には、新しいことを始めるための種蒔きができるという意味では、景気がどん底のときのほうが起業に向いていると感じています。

ラジオ番組から始まったまちづくり!?

退職後に最初に取り組んだプロジェクトは、「東京ウエッサイ」（二〇〇九年一〇月～二〇一三年三月）という、立川のコミュニティFMで放送していたラジオ番組でした。

実はこのときにはまだ、自分の中に明確なビジネスプランはなく、ちょうど友人がコミュニティラジオに転職したので、「まちづくり」をテーマにしたラジオ番組を担当させてもらった、というだけ。ただ、今後街や地域と関わるうえでのキーワードは、「メディア」「リノベーション」「不動産」の三つではないか、という仮説は立てていました。

番組をつくるにあたり、声をかけたメンバーは、酒井博基（デザイン事務所経営）、古澤大輔（設計事務所共同主宰）、井上健太郎（フリー編集者）。それぞれ職業や所属もバラバラ、もちろん全員がラジオは素人というメンバーが集まり、課外活動的に始めたボランタリーな取り組みです。

番組は公開生放送で、毎週一回、地域でユニークな活動をするさまざまなゲストを招き、まちづくりに関わる話を聞いていく形式。おかげで、まちづくりに関わる多くの人たちとネットワークをつくることができたし、放送後の交流会ではさまざまなウラ話を聞かせてもらうこともできました。

もしラジオをやっていなかったら、「ぜひ会って話を聞かせてください」と言っても断られることも多いでしょう。でも、「ラジオ番組で……」と声をかけると、不思議とほとんどの人がOKしてくれる。今になって思えば、ラジオは私たちが地域に入り込むための「ドアノックツール」の役割を果たしてくれたのだと思います。

メディアとリンクしたリアルな場づくり

ラジオ番組という「メディア」をつくる一方、残りの二つのキーワード「リノベーション」「不動産」について言えば、番組内の企画などを通して、立川周辺の空き店舗を常にリサーチしていました。

そのうち、立川駅北口のシネマ通り商店街に空き物件があると知り、二〇一〇年四月には、一階にコミュニティカフェ、二階にシェアアトリエを併設した「シネマスタジオ」をオープン。この企画・運営はリライト、設計は古澤が共同主宰していたメジロスタジオ、カフェの運営は酒井が経営していたデザイン事務所が担当しました。

さらに、当時の商店会会長が所有していた空き店舗を格安で貸してもらえることになり、自らリノベーションを行い、二〇一〇年末にはシェアオフィス「シネマスタジオ2」の運営もスタート。

こうした取り組みによって、周辺の空き店舗情報と飲食店開業希望者が自然と集まるようになり、私たちが両者のマッチングを行うケースも増えていきました。それまで空き店舗が増える一方だったシネマ通り商店街に、二〇一〇年以降、少しずつ若い商店主が増えていったのです。

専門性がないからこそつくれる変わった組織

ラジオをきっかけに、前出の三人のメンバーと仕事をすることが増えました。私は当時、経営コンサルタントとして大小さまざまな案件に携わっていたので、プロジェクトが具体的になった段階で必要に応じて彼らに相談する、という具合です。

ただ、クライアント側からは「コンサルタントが連れてきた、よくわからない人たち」と見られてしまうケースも（笑）。また私自身、調査や企画といったコンサル業務にとどまり、実行まで関わることができないもどかしさも感じていました。

そこで、あるとき全員でリライトの名刺を出してみました。すると、企画から実行までできるチームということで、クライアントの反応が変わり、徐々に「同じ看板を背負ったほうがいいのかもね」という雰囲気がつくられていったのです。

そんな流れもあって、二〇一〇年に古澤がリライトに参画したのをはじめ、二〇一一年には酒井が経営するデザイン事務所を統合（現在のC_）し、建築・不動産事業部を分社化（現在のD）。二〇一二年に井上とコンテンツ事業部を設立（現在のW）といった経緯を経て現在に至ります。

何かプロジェクトに関わるとき、いつも心がけているのは、たとえ自分の意見やこだわりがあっても客観的に見て判断し、行動するということ。コンサルタントは、よくも悪くも専門性がない仕事です。反対に私以外のメンバーは皆、ものづくりのバックグラウンドがあり、専門性と強いこだわりを持っています。普通なら、デザイナーに建築家、編集者など種々雑多なメンバーが集まった〝異種格闘技〟のようなチームでは、きっと収拾がつかなくなってしまうはずです。

一見機能しなさそうなチームが、領域横断型のちょっと変わった組織として回り始めたのは、コンサルタントという専門性のない人間を軸にしているからではないか、とひそかに思っています。

地域の人が主役になる、中央線高架下プロジェクト

リライトが手がけた中で、領域を横断する代表的な取り組みには、中央線高架下プロジェクト（コミュニティステーション東小金井／モビリティステーション東小金井）があります。

私たちは、同施設の企画に先立って、二〇一一年頃から中央線沿線価値向上を目指して進められていた「ののわプロジェクト」の構想段階から携わっていました。JR中央線が街を南北に分断する状況を解消すべく、高架化工事が完了したのが二〇一〇年一一月。二〇一二年からは、周辺の隠れた名所や名店を紹介する『エリアマガジン ののわ』を制作することで沿線の魅力を発信し、さまざまなイベントを通じて地域活動を支援してきました。

こうした取り組みを通じて新たに生まれつつあ

るコミュニティの受け皿として、また地域とのさらなる連携を目指して、二〇一三年にスタートしたのが中央線高架下プロジェクトです。

これまで高架下を含む駅型商業開発の多くは、開発事業費を捻出するためテナント賃料を高く設定せざるをえず、どうしてもナショナルチェーンを中心とする店舗構成になってしまっていました。そこで考えたコンセプトは「小商い」。地元の小規模事業者が入居でき、地域の人たちが主役になってつくる、これまでにない商業施設です。

限られた予算とスケジュールのなかで、コンセプトを最大限に実現できたのは、企画だけでなく設計・監理、事業収支やテナントリーシングまで、プロジェクトに深くコミットしていたから。小規模事業者向けの区画はサブリースとすることで、開業後も主体的に運営に関与できる体制を整え、

事業主とテナントとの間の円滑なコミュニケーションを担保しました。また開業以降、広場を活用した地域連携イベント「家族の文化祭」を定期的に開催することで、施設に出店するテナントだけでなく、周辺の小規模事業者も巻き込んだ、新たなコミュニティがつくられつつあります。

持続可能性のあるパブリックな場づくりを目指して

これからの時代は、民間セクターがパブリックな場に対して、さらにコミットする状況をつくっていかなければならないと考えています。

近年、公共施設の民間運営が進んでいますが、「行政が運営するよりも安いから」というコスト削減的な視点ではなく、地域の人たちから必要とされ、地域と一緒にビジネスを回しながら、行政にも還元していく。そんな中長期的なスキームがなければ、継続していくことは難しいでしょう。

家族の文化祭（コミュニティステーション東小金井開業 1 周年イベント）、2015 年 11 月 1 日開催

組織や仕事について言えば、どんなジャンルでも、どんなに小さなマーケットでも、同業他社との差別化は重要です。同じサービスを提供している人たちと自分は何が違うのか、どんな付加価値をつけられるのか、その意識は常に持つべきです。

私の場合は、同業者の中ではバックグラウンドが異質だったので、違いを打ち出しやすかったかもしれません。一方で、一人でできることは限られていますから、誰と一緒にやっていくか、何をどうやって組み合わせていくか。足し算ではなく、掛け算になるような組み合わせが理想的ですね。

持続可能性のあるパブリックな場づくりには、設計だけでなく、仕掛けづくりや、情報発信を含めた統合的なアプローチが求められているのではないか？　かつて自分が考えていた仮説が正しかったのかどうか、日々、検証しているところです。

2016 年 5 月 17 日、㈱リライトにて（聞き手：饗庭伸、構成：苫米地花菜）

都市計画・まちづくりコンサルタント

〈計画系〉

都市計画・まちづくりコンサルタント（通称〝まちコン〟）の仕事は簡単に言うと都市の空間づくりに関わる仕事だが、年々仕事の幅が広がっている。都市に関する問題が多様化、複雑化しているからだ。所員の多くは建築学系が多いが、最近は造園、土木や文系出身の人も増えている。土木系総合コンサルタントと異なってまちコンは都市計画・まちづくり業務に特化した業態で、その歴史は五〇年程度と浅い。多くは一九六〇～七〇年代に大学の研究室から独立して創業したものだ。事務所の規模は数人から一〇〇人を超える事務所までさまざまだが、得意分野は異なる。

まちコンには大きく「計画系」「事業系」「ワークショップ系」の事務所があるが、計画系の特徴は、①自治体の「計画」を策定する仕事、②制度設計や制度改正などにつながる調査研究的な仕事、などが多いことである。これまでは自治体のマスタープラン、新住宅地計画、地区レベルの整備計画、景観計画やガイドライン、密集市街地の計画、それを支える制度設計など、特定エ

ある一日の流れ

5:00 起床、メールチェック⇒ **8:00** 出社、資料作成⇒ **10:00 ～ 12:00** 内部会議⇒ **14:00** 発注者と打ち合わせ①⇒ **16:00** 発注者と打ち合わせ②⇒ **19:00** 所属 NPO の研究会⇒ **21:00** 懇親会⇒ **24:00** 帰宅、入浴、就寝

働き方満足度★★★★★　収入満足度★★★☆☆　生活満足度★★★★☆

リアの空間づくりを誘導・事業化するための計画が多かったが、近年では団地再生、防災まちづくり、文化的景観の活用、自転車まちづくり、地域のマネジメント、福祉との連携、人口減少下での政策立案、エネルギーシステムの構築などテーマが多様化している。したがって、業務上のパートナーも、建築、造園、商業などの近隣分野に加え、エネルギーやマネジメント系の組織など広がりつつある。

分野により業務内容やスキルは異なるが、共通することは多様な関係者（自治体、事業者、住民、権利者、大学教員など）とじっくり話をし、調整してそれを計画に反映するコミュニケーション能力が必要であること。また、この仕事は基本的には地域課題を解決し、新たな価値を創造する仕事でもあるので、地域の価値を見抜く力、時代により変わる課題を認識する力、そして、それを創造的に解決するためのアイデアやビジョンの提示など、柔軟で創造的な発想をする力が求められる。

仕事には常に前例のない要素が含まれていることが多く、そういう意味では大変だが、うまくいけば先進事例となるという醍醐味もある。都市という奥深いフィールドに興味があり、人と話をすることが好きで、課題を自ら解決する意欲のある人、そして好奇心旺盛な人に向いている仕事と言えるだろう。

高鍋剛 たかなべ つよし／1967年生まれ。都市計画コンサルタント。㈱都市環境研究所 執行役員。横浜国立大学工学府計画建設学修了後入社、現在に至る。共著書に『新・都市計画マニュアル』『都市・農村の新しい土地利用戦略』ほか。バイト経験／設計事務所、都市計画コンサルタント、家庭教師、運送業ほか。週休／1～2日。休日の過ごし方／カフェまたはネット囲碁。

都市計画・まちづくりコンサルタント〈事業系〉

都市・まちをよりよいものに変えていこうとするとき、たとえば公園や広場、道路や埋設管など、まちの構成要素について工事を実施し、整備することが必要となる場合がある。このように予算と計画に基づき、具体的な都市施設の構築・改善を図ることを「事業」といい、その実現に向けたプロセスを支援し、課題解決を図り、進行を促す役割を、都市計画・まちづくりコンサルタントが担っている。その対象は、ニュータウンの建設や市街地の再開発、密集市街地の住環境改善や被災地の災害復興など、都市や地区の多様性に合わせて非常に幅広い。

事業の出発点は、発注元であり事業主体となる行政もしくは民間事業者、あるいは住民による発意である。そして関係権利者への周知から始まり、さまざまなレベルの合意形成（ワークショップによる意見の集約やアンケートの実施、各権利者への説明、行政諸部署との調整、まちづくり協議会など地域組織での協議や議決、等々）を経て、施工、事業完了に至る。この間、関係す

ある一日の流れ

7:00 起床・朝食・準備⇒ **9:00** 出社⇒資料作成・会議・現地調査・社内打ち合わせ⇒ **19:00** 担当地区会議⇒ **21:00** 終了⇒ **22:00** 帰宅・夕食・読書⇒ **24:00** 就寝

働き方満足度★★★★☆　収入満足度★★★☆☆　生活満足度★★★☆☆

る全員の合意を目指したプロセスの全体、もしくは一部をコンサルタントが支援することになる。建築や都市計画の知識が必要であるが、それと同時に各種の調査・分析能力、チラシやパンフレット、ホームページなどをデザインする能力、そしてとりわけ合意形成に関わるワークショップやファシリテーションの技術を求められることが多い。また事業推進には、対象となる権利者とともに、制度、資金、計画、施工など複数分野の専門家が関わることになるため、その間の調整と「合意可能な提案」を示せる能力もまた重要となる。

コンサルタントの企業形態は、都市計画を主業務とする会社や、総合的なシンクタンクが業務の一部門として行う場合、小規模な個人事務所などさまざまである。また建築設計事務所が業務を拡大し、コンサルタントとなる場合もある。建築や土木、都市計画系の大学を卒業し、就職する場合が多いが、人文地理など文系卒業者も少数だが見られる。

近年、都市計画・まちづくりにおいては「地域の主体性」の尊重が求められており、その重要性はますます高まっている。そのため都市計画・まちづくりコンサルタントには、事業推進の能力だけではなく、地域課題を幅広く包括的に把握し、地域住民に寄り添う態度が求められるようになってきている。もし意欲を持って取り組むならば、それは住民の自発性を促し、自治活動などの地域活動の活性化につながり、さらに地域の持つ社会構造を改善する可能性をも孕んでいるのである。

松原永季 まつばら えいき／1965年生まれ。有限会社スタヂオ・カタリスト代表取締役。東京大学大学院工学系研究科建築学専攻修了。いるか設計集団勤務を経て現職。「ひがっしょ路地のまちづくり計画」で2013年度日本都市計画学会計画設計賞受賞。バイト経験／設計事務所。週休／不定期。休日の過ごし方／読書、バンド活動。

都市計画・まちづくりコンサルタント
〈ワークショップ系〉

都市計画・まちづくりコンサルタントの業務には、行政等の計画策定プロセスや、道路・公園などの施設づくり、まちづくり活動等に「市民参加」の機会を導入するものがあり、その参加手法は広く「ワークショップ」と呼ばれている。そこで、ワークショップを専門に行うコンサルタントを本書では〈ワークショップ系〉と呼ぶ。

クライアントは主に行政が多く、コンサルタントは、市民と行政の間でスムーズな意見交換ができるよう、中立的な立場として目的に応じたさまざまなワークショップの場のデザインを行う。参加の規模は、二〇〜三〇人程度のものが多いが、一〇〇〜一〇〇〇人という大規模なものもある。回数はイベント的に一回で行うものから、五〜六回で議論の成果を積み重ねていくもの、数年に渡るものもある。参加者は、公募する場合、ステークホルダーに声かけする場合、無作為抽出で行う場合、駅やお祭りなどに出張して通行人に短時間の参加をしてもらう場合などがある。

ある一日の流れ

8:00 起床⇒ 9:30 出社⇒業務資料や企画書等の検討・作成、所内ミーティング、アルバイトさんの作業管理⇒ 16:30 ワークショップ会場入り、会場設営⇒ 18:00 開場⇒ 18:30 ワークショップ開始⇒ 20:30 ワークショップ終了、片づけ⇒ 21:00 撤収⇒反省会（打ち上げ）⇒ 23:30 帰宅

働き方満足度★★★★☆　収入満足度★★★★☆　生活満足度★★★☆☆

コンサルタント会社の規模はさまざまだが、ワークショップを実施する際に、参加者を六〜八名程度のグループに分け、ファシリテーターという進行役をつけることが多いため、大規模なワークショップには、小規模な事務所では自社スタッフだけでは人手が足りないこともある。その場合、複数の会社にファシリテーターのサポートをお願いする連携体制を持つことも重要である。

ワークショップの開催時間は、働く人の参加を意識する場合は夜に、多世代の参加を促したい場合は土日の開催もあるため、土日や夜の勤務も少なくない。業界的には建築や都市計画の出身者が多いが、内容によっては、環境や防災、福祉、子育てなど幅広いテーマを扱うことも多いため、ワークショップの企画・運営のみであれば、専攻を限定する仕事ではなく、異なるジャンルの専門家とも連携し、適切なワークショップの企画・運営ができるよう試行錯誤を行う必要がある。また、いろいろな立場で多様な意見を持つ人が集まる場を運営することから、テーマによっては議論が白熱したり、意見が対立する場面もあるため、多様な人の意見を受け入れられる懐の広さや、辛抱強さ、おもてなしの心、コミュニケーション力が求められる仕事である。

ワークショップがきっかけで、まちづくりに関心を持ち、自ら活動を始める市民も多いため、ワークショップのデザインをする仕事にはまちづくりのすそ野を広げ、人とまちをつなげていく可能性がある。市民を主役と捉え、まちづくりの裏方を楽しみたい人にはお勧めの仕事である。

千葉晋也 ちば しんや ／ 1970 年生まれ。㈱石塚計画デザイン事務所 東京事務所 所長。北海道教育大学札幌校芸術文化課程卒業（美術工芸科）。早稲田大学専門学校都市デザインコース修了。バイト経験／現職場で景観シミュレーション映像につける音楽制作や DTP など。コンビニ店員。週休／ 2 日。休日の過ごし方／散歩と写真撮影。

大学教員・研究者〈都市計画〉

大学教員・研究者は、学生という若者たちと日々接すること、教育への情熱、また公正な態度が求められ、中でも都市計画分野では、都市や建築に関する知識に加えて、歴史、文化、経済、法律など、幅広い視野で社会のさまざまな事象に関心をもつことも必要とされる。

大学教員になるためには、まずは研究者としてまちづくりの現場に入って研究を進め、幅広い見識や地域特性を見抜いてそれをもとに提案する力、さまざまな人々と対話してまとめる力を養っていき、査読付き学術論文をいくつか書いて博士の学位を取得することが基本である。博士を取得する頃から助手となり、助教、准教授、教授と職階を上がっていくことが一般的だが、民間企業に就職してから大学での教育経験をもち、博士号を取得して大学教員に移籍するパターンもある。

まちづくりでは、大学教員の仕事と言われる「教育、研究、社会貢献」が一体となっている。

ある一日の流れ

6:30 起床⇒ 8:30 出校⇒仕事・授業・ゼミナール・会議⇒ 19:30 帰宅⇒夕食⇒自宅で仕事⇒ 23:30 就寝

働き方満足度★★★★★　収入満足度★★★★★　生活満足度★★★★★

まちづくりの現場へと学生とともに入り込み、市民と一緒になって活動する。大学でないと支援できない課題はたくさんある。特に、簡単には成果が出ない困難な課題にじっくりと取り組むことが期待されていると言えよう。たとえば私の研究室では、東京の下町にサテライト研究室を持っていて、まちに繰り出して研究しつつまちづくりを実践しており、同じように地方都市と中山間地域でも活動している。このような取り組みは、学生への教育であり、研究活動でもあり、社会貢献でもある。

教育では当然、学部と大学院の授業があり、講義や設計演習を担当する。授業以外にも研究室の学生とのゼミナールがある。研究では、学生や市民と一緒になって調査や分析を行い、成果を学術論文や著書にまとめる。また学会活動を通じて他大学の研究者らと連携して最先端の研究に取り組み、科研費（科学研究費）などの研究費を獲得して研究を大きく展開することもある。社会貢献では、学識経験者として自治体の審議会委員や計画策定委員、プロポーザル審査員などを務める。一方で市民と一緒になった活動として、NPOやまちづくり協議会の一員となったり、さまざまな市民講座や講演を受けもつこともある。

他にも大学内では、教授会や学科会議、またさまざまな委員会もあるのでどうしても忙しいが、学校法人である大学では経営を考える必要がないので、大学教員は市民の信頼を得てじっくりとまちづくりに関わることができる。まちづくりの理想を追求できるという恵まれた職業だろう。

志村秀明 しむら ひであき ／ 1968年生まれ。芝浦工業大学工学部建築学科教授。早稲田大学大学院理工学研究科博士課程修了、博士（工学）。2003年から芝浦工業大学工学部建築学科助教授、2011年から現職。主な著書に『月島再発見学』。バイト経験／家庭教師、テニスコーチ。週休／1日。休日の過ごし方／読書、テニス。

大学教員・研究者
〈建築計画〉

今日、国内の公共施設を取り巻く状況は縮減の時代へと変わりつつある。標準設計に基づいた施設計画から、ユーザーである市民とともにその地域に合った独自の施設計画が求められている。そこでは建築計画という学問領域の果たす役割も変わりつつある。

公共施設整備の際にプロポーザルコンペを実施し、その設計過程で市民を交えたワークショップを行うことが一般化しつつある今、建築計画研究者がワークショップで果たす役割は、研究で培ってきた専門知識を設計者、利用者、施設管理者、スタッフなど複数の立場からの意見の集約に役立てることと言える。さらに人口減少に対応するための施設再編についても、マイナスイメージの議論ではなく、「本当に欲しいものを生み出すチャンス」として、前向きに進める力量が試される。施設の再編を、将来に渡って地域コミュニティに本質的に必要とされるものとして捉える好機にできる点が、施設機能に関する専門知識と建築的視点を同時に持ち合わせる建築計画研

ある一日の流れ

5:30 起床⇒ 7:00 夫・子どもを送り出して出勤⇒ 9:00 職場着⇒授業、打ち合わせ、会議、ゼミ等⇒ 17:30 駆け込み乗車で家路に⇒ 19:30 保育園経由で帰宅⇒風呂準備、夕食支度⇒ 20:30 夕食⇒団らん⇒ 22:00 子どもの寝かしつけ⇒授業準備等⇒ 25:00 就寝

働き方満足度★★★★☆　収入満足度★★★★★　生活満足度★★★★☆

究者の職能と言えるだろう。それは量的整備から質的な豊かさへの転換を目的として誕生した「建築計画」という領域の特長でもある。

実際、全国の自治体で始まっている公共施設再編計画の立案段階においては、多くの場合、自治体事務局の他に、市民委員、有識者による委員会を立ち上げるが、経済、行政分野に加え、近年では建築計画、建築生産などの分野の研究者が有識者として参加する。それはコスト管理だけでなく、施設建築の有効活用および施設機能の有益な統合・再編を目指すためである。たとえば、施設再編における先駆者的自治体として有名な神奈川県秦野市では、施設整備予算の不足から施設の抜本的統廃合を決断したが、そのなかで今後の学校建築の建替えに関しては、すべてスケルトンインフィル方式とするなどの建築構法的決定まで示した。それは公共サービスがハコ（建物）ではなく機能に依存するものであり、実はそれらのサービスは、名称の異なる施設のハコでも十分に機能する場合が多いといった建築計画側の意見からたどり着いた決定であった。

被災地における陸前高田市立東中学校（設計：SALHAUS）の建設では、設計者と計画研究者の企画により地域住民および中学生、教員等とのワークショップが実施され、基本計画が積み上げられてきた。今まさに地域住民の拠り所となるような中学校が実現しようとしている。

既存の枠組みを超えた新たな発想が求められる今、我々には粘り強い観察や分析で蓄積したリアリティに基づく壮大な夢を見る力、妄想力が求められていると感じている。

倉斗綾子 くらかず りょうこ／1973年生まれ。千葉工業大学創造工学部准教授。博士（工学）。東京都立大学大学院にて博士号取得後、コクヨ㈱公共家具事業部、東京都立大学研究員などを経て現職。共著書に『テキスト建築計画』『こどもの環境づくり事典』ほか。バイト経験／家庭教師、設計事務所、歯科助手。週休／1.5日。休日の過ごし方／母業。

広告会社

広告会社は、広告戦略の立案、広告表現の製作、メディア（テレビ、ラジオ、雑誌、新聞、交通、インターネット）への出稿までを請け負う会社のことである。

クライアントの窓口となりチームを束ねる営業職、戦略を担うストラテジックプランナー職、表現を製作するクリエーティブ職、他にもメディアプランナー職、ＰＲプランナー職等のさまざまな職種の社員が、案件別にチームを編成して取り組んでいる。

さらにクリエーティブ職は、リーダーとなるクリエーティブディレクター、ビジュアルコミュニケーションを得意とするアートディレクター、言葉での表現を得意とするコピーライター、テレビＣＭの企画を専門とするＣＭプランナーに分かれている。出身となる学部は、アートディレクターのみ美術系の大学がほとんどだが、それ以外の職種は学部を問わない。

近年、広告会社の仕事の領域は拡張している。「そもそも、どんな商品をつくればいいか考え

ある一日の流れ

8:00 起床⇒ 8:30 家を出る⇒ 9:30 出社⇒社内打ち合わせ⇒ 13:00 クライアントへのプレゼン⇒ 14:30 帰社途中で本屋に寄り情報収集⇒ 15:30 帰社・社内打ち合わせ・次の日のプレゼン資料作成⇒ 20:00 退社⇒ 20:30 異業種の友人との会食⇒ 23:00 帰宅⇒ 25:00 就寝

働き方満足度★★★★★　収入満足度★★★★★　生活満足度★★★☆☆

てほしい」「企業自体の一〇年後、二〇年後の姿を考えてほしい」といった課題をクライアントから投げかけられることも多い。

コンサルティング会社との違いは、ユーザー視点で発想している点と、メディアやクリエーター等のステークホルダーを巻き込んで、計画から実施までプロデュースする点だ。

つまり、広告会社の仕事とは、職種を問わず、「課題解決のために、異業種の方々をつなぎながら、計画をプロデュースし、実施までをやりとげる」と言うこともできる。これは、この仕事の難しさでもあると同時に、いちばんの醍醐味である。

広告会社がまちづくりに果たしている役割を見てみると、まずは、コミュニケーション領域での役割だ。たとえば、自治体が実施する観光や移住促進のためのコミュニケーションを企画し、実施する、といった仕事で、ポスターやパンフレットの製作、PRプランの立案、イベントの実施等を行っている。また近年は、「まちをもっと活性化したい」「まちの一〇年後、二〇年後の姿をイメージしたい」といった広告以外の課題に応える仕事も増えてきている。

広告会社は、まちづくりにおいてもっと力を発揮できると私は考えている。「企業の課題解決」で培った力を、「まちの課題解決」のためにも発揮していく。まちの未来を、自治体、NPO、企業、メディア、クリエーター等をつなぎながら描き出していく。そうした広告人が、今後増えていくことを期待したい。

並河進 なみかわ すすむ／1973年生まれ。コピーライター、クリエーティブディレクター。株式会社電通、電通ソーシャル・デザイン・エンジン代表。東京大学工学部船舶海洋工学科（現・システム創成学科）卒業後、現職。著書に『Social Design　社会をちょっとよくするプロジェクトのつくりかた』ほか。バイト経験／家庭教師。週休／2日。休日の過ごし方／プロボノ（専門を活かしたボランティア活動）。

シンクタンク

シンクタンクとは、さまざまな政策的課題に対し、調査・分析を通して政策提言を行う研究機関である。歴史的には一九一六年に創立されたブルッキングス研究所に代表されるように、二〇世紀初頭のアメリカに端を発するとされる。アメリカのシンクタンクの多くは非営利団体で、独立性が高く政策決定に大きな影響力を持つものも少なくない。一方日本のシンクタンクは、その多くが高度経済成長期の開発案件に期を合わせる形で一九七〇年代以降に民間企業の子会社や中央官庁の外郭団体として設立された。そのため、マクロ政策を対象とし大局的な政策提言を行うアメリカのシンクタンクとは異なり、日本のシンクタンクは個別のミクロ政策に関する官公庁からの受託調査が主な業務となっている。

筆者が所属した都市銀行系のシンクタンクには、建築やまちづくりに関する受託調査を行う部署が存在し、筆者も通常の採用プロセスを経て就職した。ただし、必ずしも裾野の大きな分野で

ある一日の流れ

7:00 起床、朝食、お弁当づくり⇒ 9:30 出社⇒資料作成、会議、社内打ち合わせ、議事録作成⇒ 22:00 退社⇒ 23:00 帰宅⇒ 24:30 就寝

働き方満足度★★★★☆　収入満足度★★★★☆　生活満足度★★★★☆

はないため、官公庁のトレンド、企業の組織体制等に依存する部分が大きく、毎年安定的にこのような部署の採用ニーズがあるわけではない。

業務内容は、中央省庁が所管する政策立案に向けた調査業務や、自治体の総合計画や都市マスタープラン等の策定のサポート業務等のいわゆる川上に該当するものから、具体的な施設整備やまちづくりに関するアドバイザリー業務などのいわゆる川下に該当するものまで多岐に亘る。一般的な業務の流れは、官公庁からの公募を受け企画書を提出し採択されると、プロジェクトの内容に応じ、統計分析や、既往研究の整理、有識者へのインタビュー、住民ワークショップ等により情報を収集・整理し、成果物を提出して対価を得ることになる。自ら作成した成果物が、時間はかかるかもしれないが、実際に政策として実現することを通して広く社会に貢献できる点が、シンクタンクの仕事の醍醐味である。

一方、シンクタンクの仕事の難しさの一つに、専門性の問題が挙げられる。通常、学生時代に身につけた特定の専門領域だけでシンクタンカーとして一生食べていける人は限られている。それゆえ、キャリアを積み上げていくなかで自らの専門領域を拡張させていく必要があるが、日常業務が激務になりがちななかでそれを実行するのは思いのほか難しい。たとえば、一見まちづくりとは関係のない趣味の自転車から問題意識を醸成し、自転者交通政策の専門性を身につけていくといったしたたかさが必要だろう。

岡村健太郎 おかむら けんたろう ／ 1981 年生まれ。研究者。東京大学生産技術研究所助教。東京大学大学院修了後、シンクタンクを経て、現職。著書に『「三陸災害」と集落再編』(2017 年出版予定)。バイト経験／編集事務所。週休／ 2 日。休日の過ごし方／掃除。

編集者

主に新聞や雑誌、書籍、フリーペーパーなどの印刷物やウェブなどのメディアを通して、「目には見えない〝価値〟を伝えること」が編集者の役割である。多くの場合、発行元となるクライアントや著者の「伝えたい！」という想いを受け、伝える目的、届ける相手、それによって生み出したい状況などを整理し、的確に伝えることができる方法を考え、企画する。デザイナーや写真家、イラストレーター、ライターなどとチームを編成し、それぞれのスキルを生かして形にしていく。完成に至るまでの進行管理も編集者の仕事だ。

近年では、まちづくりの領域でも編集者の職能が求められることも増えている。弊社でも、まちの価値や魅力を可視化、発信するプロジェクトに参加する機会も多い。たとえば、行政が住民とまちの未来を描く「総合計画」の策定では、クリエイティブディレクターと協働して理念や行動指針をわかりやすく言語化し、未来のまちが楽しみになる書籍の制作に携わった。他にも、建

ある一日の流れ

6:00 起床⇒ 7:00 〜 9:30 打ち合わせ先へ移動⇒ 10:00 〜 11:00 編集会議⇒ 11:00 〜 18:00 会議や取材など⇒ 19:30 現地の美味しい酒と食事⇒ 21:00 〜 23:30 移動⇒ 24:00 帰宅⇒ 25:00 就寝

働き方満足度★★★★★　収入満足度：ひみつ　生活満足度★★★★★

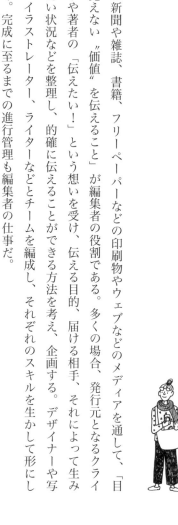

築設計事務所、デザイン事務所とともに、まちづくりの拠点となる公共建築を建設するプロジェクトでは、運営者とともに住民が愛着を持って使いこなし、自発的な活動が生まれる状況を誘発するプログラムやプロセスの企画にも関わっている。さらに、この過程を発信し、地域の魅力をさまざまな角度から紐解くウェブメディアを立ち上げたり、壁新聞やタブロイドをつくることで開館に向けての機運を高め、広報へとつなげたり、地元の特産物から商品の開発を企画するなど、複数のメディアを立体的に配置することで、プロジェクト自体を編集することもある。

編集の基本要素は、情報の「収集」と「加工」、届けたい相手への「提供」だ。取材や執筆依頼、あるいはインタビュー、フィールドワークなどを通しての情報収集では、多くの情報から伝えるべき価値を捉える〝見つける力〟が大切だ。クライアントはもちろん、想定される読者、専門家の視点を借りることもある。そうして収集した情報を俯瞰し、そこから何が語れるかを考え、物語を生み、形をつくり出すのが「加工」の作業だ。そして、完成物を伝えたい相手へどうやって届けるか、ここで問われるのが〝伝える力〟だ。

編集者になるための資格や専門教育はなく、そのため文系理系問わず、さまざまなバックボーンを持つ人が、あらゆる分野の編集者として活動している。ある意味、これまで培った知識や経験のすべてを生かせる職業とも言える。今後も編集的思考が求められる場面はますます増えていくのではないだろうか。

多田智美 ただ ともみ ／ 1980年生まれ。編集者。株式会社MUESUM代表。龍谷大学文学部哲学科教育学専攻卒業後、彩都IMI大学院スクール修了。“出来事の創出からアーカイブまで”をテーマに、書籍やタブロイド、ウェブ、プロジェクトなどの企画・編集を手がける。京都造形芸術大学非常勤講師。共著に『小豆島にみる日本の未来のつくり方』。週休／1日。休日の過ごし方／映画『男はつらいよ』鑑賞、料理。

まちづくりベンチャー

まちの未来をつくる雑誌

greenz.jp／鈴木菜央

『greenz. jp』（以下、グリーンズ）は、「ほしい未来は、つくろう」をテーマにしたウェブマガジンだ。さまざまな分野でほしい未来をつくる／つくろうとしている人のインタビューを中心に無料で読める。当然、まちづくり分野の記事も多い。読者数（月間ユニークユーザー数）は三五万人である。

グリーンズの最大の特徴は、ひとつひとつ丁寧に書き上げた記事だ。更新頻度は、一日二本。全国に七〇人いるライターさんが心から「書きたい！」と思う記事を書いている。ライターさんとは仕事の関係でもあるが、その前に友人であり、ビジョンを共有する仲間だ。グリーンズの記事がこれほどの共感を集めている秘密は、そんな彼ら彼女らが思いを込めて書いてくれていることにある。

僕らは直接まちづくりに取り組む活動をしているわけではないが、間接的にまちづくりに関わっていると思っている。間違いなく、メディアを運営する面白さのひとつは、僕らの意思を社会に反映させられる可能性だ。僕らが取材した人、考え

ある一日の流れ

6:30 起床⇒ 7:00 子どもを集団登校集合場所まで送り、仕事に出かける直前の妻と会話⇒ 8:00 ヨガと散歩⇒ 9:00 仕事開始、オンライン会議⇒ 12:00 昼食後オンライン打ち合わせ⇒ 15:00 にわとりの世話または庭いじり⇒ 15:30 事務作業⇒ 19:00 夕食⇒子どもと過ごして 22:30 就寝

働き方満足度★★★★☆　収入満足度★★★★☆　生活満足度★★★★★

方、やり方が広がれば、社会はその方向に動く。こんなに楽しいことはない。

　そんなグリーンズで、僕は編集長（と組織の代表）を務めている。編集長として一番重要な仕事は、チームのメンバー全員（ライターさん七〇名を含め一〇〇人）が気持ち良く働けるように整え、サポートすること。気持ち良い人間関係の上にしか、良い記事は生まれないし、良い仕事はできない。良い仕事を通してしか、僕らが信じている「ほしい未来をつくる人を増やし、持続可能な社会をつくる」ことはできないと思っている。

ウェブマガジン「greenz.jp」

ウェブマガジンを創刊するまでの紆余曲折

　僕は大学時代、デザインを学んだ。しかしグラフィックデザイナーとしては自分に才能がないとわかり、悩んだ末に「社会をデザインしたい」と考えるようになった。しかし、それはいったい何なのか答えが見つからず、大学時代からNGO／NPOでインターンをしたり、仲間と雑誌をつくって売ったりした。大学卒業後も答えはわからず、農村リーダーを育成する学校で一年間ボランティアを経て、サラリーマンとして楽しく働き始めて数年。ハッと目が覚めた。「やりたいことをやってない！」。そこで改めて「社会をデザインする」

鈴木菜央 すずき なお ／ 1976 年生まれ。NPO 法人グリーンズ代表、greenz.jp 編集長。東京造形大学デザイン学科卒業後、月刊『ソトコト』を経て 2006 年ウェブマガジン greenz. jp 創刊。著書に『「ほしい未来」は自分の手でつくる』。バイト経験／地下鉄保線、そば屋。週休／ 2 日。休日の過ごし方／家族で畑仕事と DIY。

って何だろう？　と考えた結果、メディアを創刊する決意をした。

しかし、メディアに勤めたことすらなく、起業も会社経営ももちろん経験ゼロ。まずは修行だ！　と雑誌出版社（月刊『ソトコト』を発行する株式会社木楽舎）に入社した。その頃結婚した妻に「ウェブマガジンを創刊したい」と伝えたところ、「いいじゃない！　ただし毎月ちゃんとした給料を絶対必ず振込んでね♡」と言ってくれた。仲間たちとウェブマガジンを創刊したのはその二年後のことだった。


自分で仕事をつくることの大変さ。そして喜び、醍醐味

グリーンズを創刊したのは、二人目の子どもが生まれる二か月前だった。当然お金を生み出してくれるはずもなく、僕らがフリーで受けていた冊子制作のギャランティをつぎ込む日々だった。まだ誰にも知られていないグリーンズをみんなに読んでもらえるメディアに育てるためには資金が足りず、立ち上げた瞬間からお金との戦いだった。当然、妻と約束した給料が払えない月も…。起業において「思い」が重要なのは言うまでもないが、それと同じくらい重要なのが、お金が回り続ける仕組みを学び、少しずつ実践し、その上にやりたいことをちゃんと載せていくことだ。

その大変さを乗り越えるエネルギーを僕らにくれたのは、記事を出し続けることで生まれる人の変化と社会の変化だった。僕らが取材した人、考え方、やり方が共感され、広がり、実際に人生を変えていく人がいる。その集合体として社会がその方向に動く。そんなことを実感できる瞬間に立ち会えるのが、最大の喜びで醍醐味だ。

起業する時に大事な七つの素質

僕が考える、起業・新しい仕事づくりに求められる素質は、七つある。やりたいことをやりたいというわがままな熱意。「自分なら絶対うまくいく」という根拠のない思い込み（別名「中二病」）。誰も見たことがない風景を見たいと思う好奇心。誰もやっていないなら僕がやってやろう、というパイオニア精神。事業が始まった結果何が起きるか？という想像力・妄想力。そして、「最後はどうにかなるだろう」という楽天さと、始めたからには成功するまでやりぬく根性。

もしあなたが将来、既存の世の中の仕事では、自分のやりたいことが実現しなさそうだと感じたり、予想される未来につまらなさを感じるなら、起業するべきだ。この世で最も学びが多く、豊かな職業は、「起業」だと言っても大げさではない。

グリーンズのライターさんたちと（前列右から２番目が筆者）

まちづくりベンチャー

研究と実践の両立

NPO法人都市デザインワークス／榊原進

仕事の三本柱

私が代表を務める都市デザインワークス（UDW）は、二〇〇二年設立のNPO法人で、仙台を拠点に市民主体のまちづくりを支援・実践している。仕事には大きく三つの柱がある。一つ目は「次代につなぐ都市づくり」で、都市や地域の魅力を引き出すことを大切にし、その魅力を高める将来像から具体的な事業計画まで、次代を見据えたコンサルティングを行う。二〇〇九年から携わる仙台・荒井東地区では、区画整理事業と連携した計画的な土地利用誘導と良好な市街地環境を目指し、組合と民間企業八社で構成される協議会の事務局を担い、まちづくり計画の策定や、各種事業や立地を予定する施設などの調整を行ってきた。また、都市計画提案制度を活用した地区計画変更のコンサルティングや大学キャンパスのマスタープラン策定などの業務も受託している。これらのクライアントは民間企業だが、都市計画行政に深く関わるので、行政の担当部署との調整も担う。

二つ目の柱は「市民と進める地域づくり」。住

ある一日の流れ

7:00 起床⇒朝食・身支度・幼稚園へ子どもを送り 9:15 出社⇒メールチェック・社内打ち合わせ・会議の準備⇒ 12:30 ランチ⇒社外打ち合わせ・会議⇒ 17:00 帰社・社内打ち合わせ・資料作成⇒ 22:00 退社⇒ 22:30 帰宅⇒風呂・晩酌⇒ 25:00 就寝

働き方満足度★★★★★　収入満足度★★★☆☆　生活満足度★★★★☆

民同士の対話と合意形成プロセスを重視した地域主体のまちづくりの支援で、行政の委託業務が主となる。具体的には、総合計画策定や公共施設整備などに関わる住民ワークショップの企画運営のほか、東日本大震災以降は被災地の町内会やまちづくり協議会が主体となる復興まちづくり計画の策定や事務局運営も支援している。

ここまでなら既存の都市計画コンサルタントの業務と重なる部分が多いが、NPO法人であるUDWは、会費や助成金等の自主財源を確保しながら、市民が気軽にまちづくりに参加する「まちを楽しむ都市デザインセンター」としての機能を持つ。具体的には、まちづくりに関わるデータを視覚的にわかりやすく整理して冊子やウェブ、展示会等で公開したり、まち歩きマップの作成やガイドツアーの開催、公園や公開空地などのパブリックスペースを活用したマーケットやピクニックの企画運営など、まちの楽しみ方を提案するプログラムを開発・提供している。また、UDWが支援した地域が主体となる実践活動、たとえば、避難訓練や集会所建設、地域資源活用事業などへのア

都市デザインワークスの仕事の三本柱

榊原進 さかきばら すすむ ／ 1974 年静岡県生まれ。東北大学大学院工学研究科都市・建築学専攻博士課程前期修了。2002 年特定非営利活動法人都市デザインワークス設立、代表理事に就任。地方シンクタンク研究員を経て 2009 年から常勤。バイト経験／家庭教師、研究室でのアルバイト。週休／ 1.5 日。休日の過ごし方／子どもと遊ぶ。

ドバイスや側面支援にも取り組む。業務内容と求められる成果がある程度決まっている委託業務とは異なり、自ら課題を見つけ、目標を設定し、企画内容を検討する。数年後に顕在化することが想定される課題や趨勢に対しての社会実験的な要素が強い。実施にあたっては、情報発信も積極的に行い、企画に関心を持つ市民の参加を得るほか、さまざまなＮＰＯや企業と協働することも多い。その結果、緩やかで広範なネットワークができており、それにより市民をエンパワーメントしていく実績も評価され、新たな仕事につながっている。

市民に寄り添う専門家

ふりかえると、大学で大村虔一《おおむらけんいち》先生[注1]に師事したことが、私の仕事の原点となっている。学生時代、都市景観や中心市街地に関する研究活動をしながら、先生が携わっていた民間の都市開発プロジェクトや行政から委託された調査や計画づくりの実務に加わっていた。先生の指導のもと、行政や都市プランナー、民間事業者などのプロたちと出会い、地区の調査・分析、課題や目標の設定、具体的な計画にまとめていく基本的な技術を学んだ。

研究員として大学に留まっていた二〇〇〇年には「勝手連 仙臺まちづくり応援団」の結成に参加。大村先生をはじめ、都市プランナー、市民活動実践者、行政職員、ＮＰＯ法人事務局長など在仙の先輩たちがメンバーで、今でもさまざまな場面で支援いただいている。勝手連では、自分たちの興味ある地域を取り上げ、現地踏査し、さまざまな資料やデータをひも解き、地域の特徴や課題を整理。将来の処方箋を、行政では書きにくい具体的提案も含めてまとめ、地域の集まりで発表した。地図やグラフなどを用いた資料が好評で、それに刺激を受けたのか住民の方々から地域の歴史やかつての暮らしぶり、生活者目線での不便や不安、将来の地域への夢などが堰を切ったように出てきた。私たちの勝手な処方箋に対しても賛否含めさまざまな意見が出て、住民同士で議論が白熱する場面もあった。当時の私（二六歳）は、地域に愛着を持つ大勢の市民の想いや提案がまとまると凄い力になるのではないか？　それを実現するために市民自身が専門的な知識や技術を身につけていけば、真の市民主体のまちづくりができ、そのためには市民に寄り添った専門家が必要ではないか？　と考え、UDW設立を決意した。

設立から十数年、企画から計画・設計などの「まちをつくる」仕事が中心であるが、現在は「まちを育てる」タウンマネジメントにも挑戦している。その現場は前述した荒井東地区にある。まちづくり協議会から派生した一般社団法人荒井タウンマネジメントに理事として参画。協議会が策定したまちづくり計画を継承し、住民や立地企業と連携したコミュニティづくりや賑わいづくり、官民連携による公共空間・施設の維持管理などまちの価値を高めていく試行錯誤を楽しんでいきたい。

これからは、社会との関わりを通じてまちづくりや地域に何が求められているか？　それに対して自らの能力や技術がどう役立つか？　という視点を持つことがますます大切になってくる。まちづくりの仕事を目指す人たちには、失敗を恐れず、チャレンジしていってほしい。

（注1）大村虔一（一九三八～二〇一四）：都市デザイナー。一九六八年㈱都市計画設計研究所を設立、東京オペラシティや幕張ベイタウンなど日本を先導する都市・地域開発を手がける。一九九五年に東北大学教授として故郷・仙台に戻ってからは東北各地のまちづくりに尽力。

まちづくりベンチャー

遊びを出前するプレイワーカー

NPO法人コドモ・ワカモノまち-ing／星野諭

子どもと遊びとまちづくり

プレイワーカーとは、児童館や保育園のスタッフ、児童クラブ指導員や冒険遊び場のプレイリーダーなど、遊びの現場で子どもに関わる専門職である。子どもや親、住民や企業とともに地域活動やイベントを開催したり、遊び場をつくったりもする。近隣との関係づくりや調整など、地域コーディネーターのような役割も重要な仕事の一つだ。

子どもがまちで遊び、近所のおじさんおばさんがそれを見守る。そんな光景が、近年失われつつある。特に都市部では、外で遊ぶ子どもが少なくなり、多世代のつながりが激減し、子どもの騒音問題や子育ての孤立化、地域コミュニティ崩壊など「無縁社会の中での子育て」が深刻化している。

そこで私たちは、自然素材やオリジナル遊具などさまざまな「宝物」を積んだ車やリヤカー等で道や広場に遊びを出前し、空間を遊び場に変える「移動式子ども基地」で、親子の居場所づくり・子どもを見守るコミュニティの育成を行っている。

東日本大震災以降、被災地でも遊びを出前して

ある一日の流れ

5:30 起床、4才の息子と遊ぶ＆朝ごはん⇒ **9:00** 出社⇒打ち合わせ・資料作成・各種調整など、または講演・イベント・遊び場づくりなど⇒ **19:00** 帰宅⇒息子を就寝させる、または地域関係者と打ち合わせ⇒夕食後、夫婦で話し合い⇒ **23:00** 就寝

働き方満足度★★★★☆　収入満足度★★★☆☆　生活満足度★★★★☆

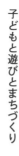

きた。ある日の遊び場では、震災以降母親の手を一時も離すことがなかった女の子が、初めて母親から離れ夢中になって遊んでいた。我が子の笑顔を見た母親は、泣き通しだった。互いの所在が不明になっていた人同士が、遊び場で再会したこともあった。子どもと子ども、親と親、家族と家族がつながる場面が多く見られた。遊びには、心をほぐす力や人をつなげる力があるということを東北での活動で実感している。

原体験を豊かにしたいと一念発起

私の活動の原点は幼少期の原体験にある。野山を駆け回って遊び、川魚を手づかみし、森の中に秘密基地をつくった。八百屋も道もすべてが遊び場だった。人・自然・文化・地域などすべてのつながりが私を育んでくれた。

大学進学を機に上京し、育った環境との違いに衝撃を受けた。勉強に追われ削られる遊びの時間、失われていく遊べる空間、多世代の仲間がいない子どもや親、心の余裕や余白のない社会…「時間」「空間」「仲間」「隙間」の四間が欠如していた。

しかし、社会を非難しているだけでは何も変わらない！　と、学生時代から活動を始めた。子どもたちの原体験を豊かにするため、二〇〇一年に団体を設立し、改装した空き家での放課後の居場所づくりや多世代交流イベント、子どもとまちのデザイン活動などを実践した。

二〇代は建築やまちづくり、観光の分野で仕事をした。さまざまな企業や市民団体、町会や商店街、個人とともに多様なマッチングによるまちづくりを実践した。特に東京・神田では、地元の皆さんとの協働事業、他の地域との交流事業、ガイドツアーや地域情報誌づくりなどを企画運営した。

星野諭 ほしの さとる／1978年生まれ。プレイワーカー、一級建築士。NPO法人コドモ・ワカモノまちing代表。日本大学大学院（建築）卒業後、設計・まちづくり会社、観光協会を経て30歳で起業。週休／2日。休日の過ごし方／家事＆息子と遊ぶ。

右も左もわからない若者に愛のある叱咤激励をいただき、神田の皆さんからは人間としても「まちづくり人」としても大いに育んでいただいた。

三〇歳を迎え、結婚を機に「本気でやりたいことだけをしよう」と夫婦で仕事を辞め、仲間とともに起業した。周囲からは、「遊びの出前」を仕事にするなどということは無理だと言われていた。確かに、これまではボランティアだったこともあり、当初は資金調達が課題となり、助成金を得ながら、道路を封鎖して遊び場を実施する活動をスタートした。しかし、継続するなかで、企業や行政、町会や商店街、学生などと多角形の関係をつくって協働し、社会のニーズと地域資源、関わる人の特技など「今だけ×ここだけ×私たちだけ」の掛け算でオンリーワンの新たな価値が生まれ、委託などの対価を得られるようになっていった。

世界平和のための「遊び×まちづくり」

今、近隣の子どもの顔や声を知らない大人は多い。知らない子どもの声は騒音に聞こえる。室内中心の子育てになることで、近隣とのつながりが希薄となり、相談に乗ってもらえる人がいない。その悪循環のなかでストレスを抱えている親は非常に多い。だからこそ、私たちは「遊び×まちづくり」を実践し続ける。あらゆるところを多世代の遊び場に変え、顔の見える関係を紡いでいく。

プレイワーカーとして重要なことは、多様な関係性を紡いでいくこと。子どもと子ども、子どもと大人、子どもとまち、子どもと自然、大人と大人…それぞれの多様性を知り、感じ、受け入れ、つないでいく。そのためには、自然やまちの中で、大いに遊び尽くしてほしい。遊びを通じて多様な体験をし、多世代と交流し、多地域の特性に触れ、さまざまな価値観を知ることができる。

私は、「遊び×まちづくり」は世界平和のための一番の近道だと思っている。遊びは、自分の選択によって行動を起こし、プロセスを味わい、「やりたい」を実現する貴重な人生の体験。自分らしさを見つけ、自分が主役である物語をつくり、「人生は楽しい！」という価値観や自己肯定感につながる。この遊びの原体験こそが、豊かな人間になる一番大切な基礎だと考えている。

そこにまちづくりを掛け算すれば、多様性と循環、自分と他との関係が生まれる。つまり「内の環境（心、技、体、知…）」と「外の環境（人、自然、文化、地域、地球…）」がつながる。さらに、世代や地域を越え、文化や宗教、国境を越え、そして、過去・今・未来がつながる。これからの時代のキーワードは「遊び×まちづくり」だと確信している。

移動式子ども基地。道路を封鎖して遊び場に変えた（石巻市）

まちづくりのパートナー【幼稚園】

森のようちえん「まるたんぼう」

鳥取県智頭《ちづ》町に森のようちえんがある。特定の園舎や園庭を所有するのではなく、町内各所が幼稚園として使える場所であるという考え方に基づいた、いわば「まちの幼稚園」。神社の境内、古民家、広場、キャンプ場、里山、杉林、松林などが園児たちの遊び場であり学び場である。集落内を散歩したり、水遊びをしたり、火遊びをしたりして、自然の中で主体的な遊びや学びの機会を得る。

1950年代のデンマークで始まったという森のようちえんは、2000年代には日本でも実施されるようになった。西村早栄子さんが智頭町で始めた「まるたんぼう」はその先駆けだと言えよう。取り組みを見学させてもらった日は雨だったが、園児たちはキャンプ場で水遊びをしていた。体が冷えてきたら屋根のある場所で雨宿りをしつつ、体を温めるために火をおこすという。割り箸や紙くずを集め、マッチを取り出し、試行錯誤を経て大きな火をつくりだした。その間、幼稚園の先生は見守るだけ。火遊びを止めるどころか、どうすればもっと燃えるようになるのかを園児たちと考えていた。

智頭町では、園児が集落を散歩していても住民が話しかけてくれる。人生の先輩がいろいろなことを教えてくれる。古民家の空間構成がかつての生活を教えてくれる。森の生き物たちが生態系の絶妙なバランスを示してくれる。まち全体の各所に先生がいるのだから、幼稚園の先生は調整役になればいい。教育や生活や安全を完全に管理するのではなく、まち全体で子どもたちを育てること。少子化の時代だからこそ、こうしたまちづくりの視点が重要になるのだろう。（山崎亮）

智頭町森のようちえん まるたんぼう／2009年4月、鳥取県智頭町で子育てをするお母さん・お父さんたちによって開設。2011年4月より特定非営利活動法人として町内14か所の森をフィールドとして活動している。
鳥取県八頭郡智頭町大屋160（事務所）｜http://marutanbou.org/

CHAPTER 5

制度と支援のしくみをつくる

まちづくりそのものを支える環境—制度や、それを支援するしくみ—をつくり、動かす仕事であり、まちづくりの現場と信頼関係をつくり、時には並走しながら仕事を進めていく。多くは行政部門の仕事であるが、行政組織はそれぞれが厳密に仕事の範囲を分けており、組織によってどういった権限を持ってまちづくりに関われるのかが異なってくる。民間にもユニークな仕事があり、柔らかく、独自の嗅覚をもって制度と支援のしくみを組み立てている。[饗庭伸]

パイオニアインタビュー

すべては現場が教えてくれる

一般社団法人ノオト
金野幸雄

きんの ゆきお／ 1955 年徳島県生まれ。一般社団法人ノオト代表理事。東京大学工学部土木工学科卒業後、兵庫県職員、篠山市副市長、流通科学大学特任教授を経て現職。主な作品に「集落丸山」、「篠山城下町ホテル NIPPONIA」など。空き家となった古民家等とその活用事業者を結びつける中間組織として、集落や城下町といった歴史地区の再生プロジェクトを展開している。

五五歳、公務員からの転職

この本を手に取ったあなたは、まちづくりを生業にしようかと思案している。しかし、まちづくりの分野で、いきなり起業するのは並大抵のことではありません。コンサルタント会社や公務員の道に進んで経験を積み、やがて起業すればよいでしょう。起業することが偉いわけではないので、立派な公務員（立派でないとダメです）になって最後まで勤め上げるのも、素晴らしいことです。

私は、兵庫県で土木職の職員として二五年勤めた後、篠山《ささやま》市副市長を一期四年務めて、五五歳のとき公務員を辞めました。現在は、集落再生や農村再生に取り組む中間組織「一般社団法人ノオト」の代表理事をしています。転職組としては相当の奥手です。でも、いつか転職するのだと考えていたわけではなく、いわば「成り行き」でした。

金野幸雄さん。古民家を改修した事務所前で

まちづくりは行政だけではできないので、二〇〇〇年頃からNPOや中間組織に関心を持ち、公民の連携を考えるようになりました。自分もNPOを設立して、公務員ではできないことをNPOで実践していました。現在のノオトの主要業務である古民家再生やコミュニティ再生もその頃からの活動です。当時、役所でそのようなことを考えるヤツは変人で、ハミ出し者です。そんなことをしていたら、本当にハミ出して、今は民間の公益法人をしています。

日本では多くのNPOが、ボランティア団体か行政の下請け機関になっています。行政の後ろ盾のない純民間のNPOが、田舎でまちづくりを生業にするのは生易しいものではありません。けれども、これからの日本社会にも、自立して、きちんと稼いで、正当な給与水準で、社会に貢献する、そのようなプレイヤーが不可欠です。でも役人や学者はその必要性を唱えるだけで、誰も自分ではやろうとしません。そのことに気づいたので、私は公務員を辞めてＮＰＯに専念することにしました。

穴ボコを埋めるか、やり過ごすか

私は学生の頃から公務員志望で、大学生活を終えると兵庫県に就職しました。土木職でしたから、職種もおおむね土木、まちづくりに限定されます。実際に、河川課、土木事務所、街路課、都市計画課、管財課、高速道路室、まちづくり課、交通政策課、技術企画課に所属しました。希望するところに異動したことは一度もありません。だから、次々と思いがけない経験をさせてもらいました。今はそれが良かったと思っています。

公務員志望の人は「社会の役に立ちたい」と考えている人が多いように思います。それが、役所に長年勤めていると、だんだん目が萎え、文句を唱え、顔が曇ってくるのはどうしたことでしょうか。いろいろと社会を見てきてわかることですが、実は、大手の企業でも同じことです。大きな組織はみんなそうなります。あなたはそうならないように。立派な公務員になってください。

公務員というのは二、三年ごとに異動するのが一般的です。新しい部署に赴任してしばらくすると、その部署が抱える課題が見えてきます。グラウンドに穴ボコが空いているイメージですね。なぜ穴ボコが空いているのか、それは前任者が埋めなかったからです。そのまた前任者も埋めなかった年季の入った穴ボコもあります。如何にして、その穴ボコに関わらないようにしてやり過ごすかが彼らのミッションとなります。彼らはそのような技術に長けた公務員となります。言い訳や逃げ口上がとても上手。顔も曇ろうというものです。

もちろんそうではない立派な公務員も一定数います（残念ながら多数派ではありません）。私は立派だったので、異動先の部署で、ひたすら目の前の課題解決に取り組む、そんな二九年間でした。防災調整池技術基準の策定、被災河川の改修工事、駅前広場の基本設計、工事が中断していた高速道路現場の地元調整、景観形成や土地利用規制の制度設計などに取り組みました。社会に対する大きな視点や理念があったわけではありません。ひたすら穴ボコを埋める作業。けれども、そのことがすべて私の財産になっています。穴ボコを埋めた人だけが、その穴ボコの埋め方（ノウハウ）を体得することができる。積み重ねてきた仕事上のスキルが、今の私の活動を支えてくれています。

丹波県民局まちづくり課長の頃（二〇〇一～〇三年）

二〇〇一年春、私は「丹波県民局まちづくり課長」として丹波に赴任しました。丹波地域というのは「良き田舎」なので、つまり、「まち」がないので、どうやって「まち」づくりをするのか疑問に思ったものでした。赴任してしばらくしてのことですが、知事が「丹波にミニ開発は似合わない、なんとかしなさい」と指示を出します。JR篠山口駅や舞鶴自動車道のインターチェンジ付近に宅地分譲のミニ開発が目立ち始めていたのです。

慌てて現場視察にやってくる県庁幹部の面々は、口を揃えて「知事はまた何を言ってんだろうね」という反応です。それらのミニ開発は法令に適合したものだし、都市部では当たり前のものなので、知事の指示のほうが間違っていると主張したいのでしょう。法律や条例といったものは社会を円満に運営するために必要なルールですが、絶対的なものではありません。時代に合わなくなればそれは立派な穴ボコです。立派でない役人はそのあたりのことがわからないようです。

私は知事の指示を「なるほど」と思ったので、赴任期間中に、兵庫県の条例を改正してミニ開発を規制することにしました。そして、どうせならと、美しい農村景観を守り、育てる条例にして、新しい景観ガイドラインを作成することにしました。そのとたん、四面楚歌です。いらんことはしてくれるな、という空気に包まれます。上司が背後から近づいてきて、「金ちゃん、もうやめようや」と言ったものです。だけど誰も知事に意見したりしませんから、結局、止めることはできません。私は三年の赴任期間中に、条例改正とガイドライン作成を終えることができました。

古民家再生活動の始まり

その後、兵庫県庁に戻った私は、県庁の業務をこなしながら、篠山で古民家再生のＮＰＯ活動を始めます。県職員で町屋フェチの友人が、篠山で敷地面積一〇〇坪、築一五〇年の町屋を購入して再生すると言い出したのがきっかけです。古民家というのは、その土地の気候風土に適応して、その土地の材料でできている文化資産です。町屋フェチと私のほか、ランドスケープの専門家、建築士、まちづくりコンサルの五名が集結、ＮＰＯを始めます。ボランティアで再生する仕組みをつくって、二年がかりでその町屋を再生しました。

世間では、古民家の再生には多額の費用が必要で、金持ちの道楽のように思われています。建て直したほうが安い、と立派でない設計士や工務店が言うので、古民家は取り壊されて住宅メーカーの家が建ちます。町並みが壊れていきます。私たちは、一〇〇坪の町屋を一〇〇〇万円で仕入れて、ボランティアとプロの連携で改修して、二三〇〇万円ほどで売りに出しました。すぐに売れました。廃屋となった古民家を案外安価で世に出すことができる、そのことを証明したのです。

篠山市副市長の頃（二〇〇七～一一年）

二〇〇七年の春、私は兵庫県の人事異動で、篠山市に副市長として出向します。私の専門領域として、景観法の導入、土地利用計画制度の導入などに取り組むことになるのですが、業務は市政全般です。一番の仕事は財政再建でした。赴任直後に計算すると、その三年後に財政破綻することがわかり、厳しい行財政改革に取り組むことになります。職員に早期退職を強いること、地域への補助金やサービスをカットすることなど誰もがやりたくない仕事ですが仕方がありません。どうにか財政破綻は免れましたが、一気には回復しませんから緊縮財政は続きます。

じっと耐えているだけでは悲しいので、何か新しいまちづくりを、と考えて始めたのが、現在の古民家再生、空き家活用などの取り組みです。すると、活動を担う民間法人が必要になります。実は、行財政改革の一環で、第三セクターの整理統合・民営化を実行したのですが、その結果、二〇〇九年二月に発足することになった「一般社団法人ノオト」の代表として、新しい地域再生事業に取り組むことにしたのです。

そして、同年一〇月には、私たちの最初の作品「集落丸山」が開業します。一二戸のうち七戸が空き家の集落で、空き家三戸を一棟貸しの宿×三棟とフレンチレストランに再生し、集落に残る五世帯一九人がＮＰＯを設立してこれを運営する、という集落再生事業。ノオトが伴走型の中間組織として再生工事と資金調達を担い、一〇年間共同運営するスキームです。その後も篠山城下町で、プロダクトデザイナーの喜多俊之氏がプロデュースする伝統工芸ショップ「篠山ギャラリーKITA'S」、アンティーク雑貨の「ハクトヤ」、旬菜料理「ささらい」などを次々とオープンさせました。

二〇一一年の春、私は四年の任期を終えて、副市長を退任します。兵庫県職員に復帰することもやめました。五五歳のときです。ありがたいことに、流通科学大学が特任教授として拾ってくれましたが、ノオトの業務が忙しくなったので、それも三年でやめて、地域再生の現場活動に専念することにしました。中間組織のプレイヤーになることを選択したのです。

新しい時代に向け、歩き始めよう

さらに二〇一五年六月に、ノオトから、指定管理などの篠山市関連業務を担う部門が分社独立し、地域再生事業部門だけが残りました。市の職員八〇名が抜けて、現在のノオトの社員は一〇名です。ほとんどがＵ・Ｉターン、個人事業主の集まりです。勤務時間も労務管理もありません。元の職種もＩＴ、ランドスケープ、マーケティングなどさまざま。プロジェクトごとにチームを編成し、それぞれの現場に柔軟に対応するソーシャルベンチャーです。このチームで、二〇一五年一〇月には、四物件で計一一室の分散型ホテル「篠山城下町ホテルＮＩＰＰＯＮＩＡ」を開業させました。

私の役割は物件交渉、地元調整から事業構想まで広いのですが、特にＰＰＰ（官民連携）の新しい事業スキーム構築を受け持っています。自治体が所有する文化財物件を管理費（指定管理料）ゼロで運営する「活用提案型指定管理方式」の実現や、古民家活用の障壁となっていた建築基準法や旅館業法の規制緩和の実現などです。もともと行政にいた経験と穴ボコを埋めてきたノウハウがここに来て生きています。どんな組織も、外から見ていただけでは本当のところがわかりません。内側に入って、その水の中を（立派に）泳ぎ、その空気を（立派に）呼吸することで、良いことも、悪いことも含めて、その組織、その世界のことが身に沁みるのです。三〇年近く公務員を生きてきた私だからできることもあるのだと思います。

さあ、あなたも歩き始めてください。目の前の穴ボコに注力して進めばいいのです。ときおり立ち止まって世間を見て、自分が望んでいる生き方を見つけていけばよいでしょう。これまでの、人口増、経済成長の時代の価値観や社会システムと、これからの、人口減少の時代のそれはまったく別のものであるはずです。その新しい価値観や社会システムを、あなたたちは自分の仕事を通じて、この社会に形づくっていくのです。

ノオトは、古民家再生、空き家活用、歴史地区再生の事業の全国展開を進めています。そのことが政府の地方創生の方針にも記載され、その事業展開と資金需要に対応するために、二〇一六年五月に「株式会社ＮＯＴＥ」を設立しました。私たちのところに全国から案件が寄せられることが、この国に中間組織が根付いていないことを証明しています。公務員をしていれば退職の年齢になりましたが、しばらくは休めそうにありません。仕方ないので、この国の未来のために、私も、もう少し頑張りたいと思います。

2016年5月20日、丹波篠山の事務所にて（聞き手・構成：編集部）

国の仕事

〈国土交通省〉

国土交通省は、人々の生き生きとした暮らしと、これを支える活力ある経済社会、日々の安全、美しく良好な環境、多様性ある地域を実現するためのハード・ソフトの基盤を形成することを任務とする官庁である。国家公務員採用試験に合格後、官庁訪問、面接を経て採用が決まる。

そのうち総合職技術系職員は、幹部候補として、ある特定の業務分野に重点的に従事し、専門性を伸ばすとともに、その基本があったうえで、他の分野にも従事し、総合的な視野からの企画立案能力を伸ばすように、業務経験を積んでいく。そのうち建築系（住宅・建築・都市計画関係）職員は、安全・快適に暮らすことのできる質の高い生活空間の構築を目指して、住宅行政・建築行政・まちづくり行政のさまざまな分野で、政策デザイン、政策実行等を担う。採用一年目から議論に参加し、意見を求められ、施策の企画立案に携わる。

まちづくりの関係部局には、国民の住生活や建築物の質の向上、安全で快適な生活環境の確保

ある一日の流れ（本省勤務・国会開会中の場合）

7:00 起床⇒ **9:30** 登庁・始業⇒担当分野の情報収集・資料作成、新規施策に関する協議・調整、取材・問い合わせ対応、質問取り・答弁作成⇒ **23:00** 退庁⇒ **24:00** 帰宅⇒就寝

働き方満足度★★★★★　収入満足度★★★★☆　生活満足度★★★★★

を担う住宅局、都市の再生、多様性のある個性的なまちづくりの推進を担う都市局等がある。二〜三年ごとに人事異動があり、他府省、地方公共団体、UR（都市再生機構）等への出向もある。

いずれにしても、まちづくりの現場に直接携わるのではなく、地方公共団体をはじめ関係者が動きやすい環境を整え、制度面で支えることが仕事となる。関係者は、住宅分野だけでも、地方公共団体、UR等のほか、住宅の新築・維持管理・流通、保険・金融、それらを取り巻く住生活関連サービスに関わる民間企業・NPOなど多岐にわたる。

筆者は、学生時代に、阪急豊中駅前の商店街活性化や阪神・淡路大震災の復興まちづくりに携わり、県・市、ゼネコン、設計事務所、コンサルタントなどの熱意あふれる仕事ぶりに触れた経験から、「まちづくりの現場を支援する仕事をしたい」と採用試験を受けた。採用一年目に提案し実現した再開発コーディネート業務への支援制度をはじめ、自分が企画立案に携わった施策が地域のまちづくりの役に立っている様子を見ると、心の底からやりがいを感じる。新たに法律をつくったり、変えたりすることも含めてゼロベースで物事を考え、多様な主体を巻き込んで社会の仕組みづくりに取り組めるところは、他の職種では味わえない醍醐味であろう。

近年、少子高齢化・人口減少社会の下、空き家問題をはじめ「公」と「民」の境界線上にある課題への対処が求められており、これまで以上に多様な主体との連携が重要になる。そのような局面で、国家公務員として課題解決に取り組むことができることを、光栄に思う。

中澤篤志 なかざわ あつし／1971年生まれ。国土交通省勤務。大阪大学大学院工学研究科環境工学専攻修了後、建設省（当時）へ入省、現在に至る。バイト経験／ガソリンスタンド。週休／2日。休日の過ごし方／家族でJリーグ川崎フロンターレを応援。

国の仕事〈経済産業省〉

経済産業省は、民間の経済活力の向上および対外経済関係の円滑な発展を中心とする経済および産業の発展等を図ることを任務としている組織であり、地方経済の活性化という観点から、まちづくりを所管しているのが中心市街地活性化室である。経済産業省がまちづくりを担う意味は、密度の経済性が成立しうる中心市街地でのまちづくりを支援することにより、都市機能の集約による行政コストの削減に加え、小売商業者等の集積や地域が求める新たな機能を備えた商業施設等の整備、物流効率化による効率的な小売・サービスの提供をすることで、地方の経済活力を面的に向上させられると考えるからである。

中心市街地の活性化は、まちづくりの主体である地方公共団体、地域住民および関連事業者が、相互に連携を図りながら、中心市街地に対して経営資源を集中的に投下し、主体自身が計画を策定して実施するものである。経済産業省は、こうした計画のもとで実施される民間事業者による

ある一日の流れ（施策反映のために現地に打ち合わせに行った場合）

6:00 起床⇒移動⇒現地で打ち合わせ⇒ **16:00** 出発⇒移動⇒ **18:00** 帰庁⇒報告書作成⇒ **20:00** 退庁⇒ **21:30** 帰宅⇒ **24:00** 就寝

働き方満足度★★★★☆　収入満足度★★★★☆　生活満足度★★★★☆

商業施設等の整備に対し、補助金や税制、規制緩和など、各主体のインセンティブとなる支援を行っている。また、実際にまちづくりに取り組もうとする方を対象に、研修会（座学やインターン型実地研修など）の実施や、シンポジウム、情報提供および教材提供等を行うウェブサイト、通称「街元気サイト」を運営するなど、まちづくりの人材育成にも力を入れている。

日々の業務では、支援策としての制度の在り方について、現場のニーズをもとにした議論や、現場にとって望まれる研修の企画を行うなどして、施策の執行にあたっている。

こうした施策に取り組むなかで、さまざまな地域で、まちづくりの現場で熱心にまちづくりに取り組んでいらっしゃる方々に出会い、対話をする機会をいただく。現場で動いている方々の行動の共通項を探ると、まちづくりに携わる人が「まちづくりを自分ごととして、他の何かのせいにするのではなく、まちづくりの出口をしっかりと見据えて、実際に自らアクションに移している」ということなのだろうと思う。こうした地域や人々との対話は、統計上での把握だけに留まらない、リアルな地方の経済活動の実態を捉える大変貴重な機会であり、政策立案に携わる人間にとって、これ以上のＯＪＴ（オン・ザ・ジョブ・トレーニング）の場はないように思う。

地方では、今後、一層の人口減少、少子高齢化が進み、地方経済も厳しい局面が続くことが予測される。今後も地方経済を俯瞰して見る立場と現場との距離の近さの二つのバランスを保ちながら、施策の立案・企画・執行にあたっていきたいと思う。

永野真吾 ながのしんご／1982年生まれ。経済産業省勤務。広島大学経済学部経済学科を卒業し、宮崎県小林市役所入庁後、経済産業省に出向、現職。バイト経験／居酒屋・物流工場。週休／2日。休日の過ごし方／家族でお出かけ。

都道府県の仕事

〈東京都〉

約一三〇〇万人の都民が暮らす大都市東京を、都市の整備や運営面から担っているのが東京都の技術職員である。土木、建築、機械、電気の各職種を中心に、約九〇〇〇人が在籍している。

技術職の業務は主として都市づくりに関わるものであり、政策の立案や都市計画の決定、道路・鉄道・港湾・水道・下水道等の整備や維持管理、土地区画整理事業や市街地再開発事業等の推進、さらに都営交通の管理運営、都営住宅の建設管理、宅地開発や建築物に関する指導なども行っている。

また、あと四年に迫った東京オリンピックの準備や、首都東京を震災被害から守る「木密地域不燃化一〇年プロジェクト」の推進など、都政の重要プロジェクトにも多くの技術職員が参画し、持てる技術やノウハウを発揮している。いずれもスケールが大きい。ここでは、技術職の中でも都市づくりに関してより幅広い分野で活躍している土木職と建築職の仕事の魅力を紹介したい。

ある一日の流れ（20代・技術職の場合）

6:30 起床⇒ 9:00 登庁⇒補助金等交付申請書のチェック⇒移動⇒関東地方整備局との打ち合わせ⇒移動⇒セミナー開催準備⇒ 19:00 退庁⇒ 20:30 帰宅⇒夕食・入浴⇒ 24:00 就寝

働き方満足度★★★★☆　収入満足度★★★★☆　生活満足度★★★★☆

まず土木職は現在、約三〇〇〇人の職員が都庁内で働いている。その第一の魅力は、何と言っても業務一つ一つのスケールが大きい点である。たとえば、都心と臨海部を結ぶ幹線道路の環状二号線や国際競争力の強化に資する東京港の大規模コンテナふ頭等、都が整備する施設は、東京の都市活動を支える大規模な構造物が多く、土木技術に携わる者として魅力は大きい。

第二の魅力は、現場の最前線で技術を振るう機会が豊富な点である。都の場合、道府県に比べて自ら事業を施行するケースが多い。たとえば、市街地整備事業では都も施行者になって事業を進めるほか、通常、基礎的自治体が担う公共下水道事業を区部においては都が行っている。施行者として最前線で住民折衝や工事を行うことは、現場感覚の醸成や技術の研鑽につながる。

第三の魅力は、修得した技術を活用し、国際社会への貢献が図れる点である。たとえば、急速な都市化に応え、技術を磨きながら短期間で普及を達成してきた東京の上下水道の技術は、諸外国の支援にも活かされている。

次に、建築職（職員数：約七〇〇人）の仕事と魅力について、一例を挙げると、都市計画の手続き等を通じて、都市再生に寄与する優良な民間プロジェクトを誘導するとともに、自ら都有地を活用したまちづくりプロジェクトをコーディネートするなど、首都東京のさらなる発展を牽引している点がある。また、公共施設や都営住宅など多くの建築物の設計や工事監督を通じて、技術力やコスト感覚、折衝・調整力を身に付けることができる。

土橋秀規 どばし よしのり／東京都都市整備局市街地整備部区画整理課長（土木）。1987 年入都以来、下水道、建設、都市整備局等に配属。バイト経験／測量事務所。週休／２日。休日の過ごし方／ウォーキング。

栗谷川哲雄 くりやがわ てつお／東京都都市整備局市街地整備部再開発課長（建築）。1993 年入都以来、住宅、建設、都市整備局等に配属。バイト経験／設計事務所。週休／２日。休日の過ごし方／愛犬の散歩。

都道府県の仕事〈島根県〉

現在、都道府県におけるまちづくりの取り組みは、ハード中心の都市整備だけでなくソフト中心の過疎・中山間地域対策や、都市から人を呼び込む移住促進・人材誘致など、ハード・ソフト両面での取り組みが見受けられる。たとえば私の所属する島根県しまね暮らし推進課の場合、地域づくり支援、中山間支援、定住支援の三つの担当で構成されており、地域・市町村振興をソフト面を中心に幅広く取り扱うため、二〇一二年度に課として組織化された。

その中で私は、UIターンの推進をはかる定住支援グループに属しており、主に都市部からの人材誘致の仕組みづくりに携わっている。いわゆるハード事業中心の「まちづくり」ではないが、その「まち」をつくるのも、また運用・発展させていくにも「ひと」が鍵となっているため、人口減少社会の先駆けといわれる島根県において都市部にいる優秀な「ひと」を確保していこう、島根県で活躍してもらおうと日々業務を行っている。

ある一日の流れ

5:30 起床⇒ **7:30** 出勤⇒県庁しまね暮らし推進課での仕事・ふるさと島根定住財団との協議⇒ **19:00** 退庁⇒ **19:30** 帰宅⇒夕食⇒ **23:00** 就寝

働き方満足度★★★★☆　収入満足度★★★★★　生活満足度★★★★☆

具体的には、まず一つ目に、東京・大阪で「しまコトアカデミー」という課題解決型連続講座を開催している。これは、「しまねでコトおこししてみませんか?」という誘い文句のもと、島根県に興味を持ってくれた都市部の人に対し、地域課題を隠さず伝え、それに対してどう自身のスキルを活かし、課題解決のプランを立てるか考える半年間にわたる連続講座である。少人数制の講座ではあるが、東京では五年目に入り、卒業生の中には実際に島根にUターンをしてプラン(ゲストハウス経営)を実践している人もいれば、東京在住ではあるが島根の地域に携わる活動(地域の廃校活用のデザイン)などを行う人もいる。

また、二つ目に、「しまね定住サテライト東京/大阪」の活動がある。これは東京・大阪に人材誘致の拠点を設置し、島根の地域情報を発信するセミナーを月一回のペースで開催しながら、潜在的な移住希望層の掘り起こしを行う活動である。毎回、島移住・林業・農業・恋愛から始まる移住…などテーマを変え、各分野の担当課と調整しながら開催し、移住の検討先・活躍の場として島根県が候補に挙がってくるよう取り組んでいる。

この業務で特に重要となるのは「寄り添い力」だと感じることが多い。島根に興味を持ってくれた人たちが存分に活躍してもらえるよう、その人のスキルや希望に寄り添っていきたいし、この地域をどうしていきたいかという地域の「まちづくり」ニーズにも寄り添いたい。だからこそ、現場に足を運びながら自分事として考える姿勢を持つ人がふさわしく、活躍できる仕事だと思う。

河野智子 こうの ともこ / 1985年生まれ。島根県地域振興部しまね暮らし推進課主任。北九州市立大学卒業後、島根県に入庁。地方機関・観光振興課勤務を経て現在の課に異動。バイト経験/イベント派遣。週休/2日。休日の過ごし方/ドライブ、読書。

市区町村の仕事〈政令指定都市〉

市民の生活に直結している市区町村の業務は、まちづくりのほか、文化、産業、高齢者や少子化対応、環境、防災、ゴミなど実にさまざまな分野にわたる。その中でも全国に二〇ある政令指定都市は、府や県から多くの権限が委譲され、府県と同格の業務から基礎自治体としての市の業務まで幅広い業務を行っている。

私は、大学で建築・都市計画を学び、その過程で自治体の職員の仕事ぶりに接することができた。当時、横浜市では都市デザインなどで、大学の先輩方が先進的な街づくりを進めていたこともあり、職員採用試験（大学卒程度等）を受験し建築職の職員として採用された。

市のまちづくりの仕事には、市の将来を見据えた政策づくりや実際の都市開発事業、道路や公園整備などの事業のほか、民間への開発・建築指導などの業務、市民や事業者との共同作業によるまちづくり業務などもある。また最近では、経済対策、超高齢化や子育てへの対応、環境対策

ある一日の流れ

5:00 起床⇒ 8:00 出勤、新聞・メール等チェック⇒ 8:30 始業、庁内打ち合わせ・会議⇒ 12:00 昼食⇒ 13:00 現場で専門家との打ち合わせ・会議⇒ 18:30 自主研究会参加⇒ 21:00 帰宅⇒ 23:00 就寝

働き方満足度★★★★☆　収入満足度★★★☆☆　生活満足度★★★★★

などのソフトな分野も入れた総合的なまちづくりが重要となってきており、建築職だけでなく、事務職、土木職、造園職、環境職などの職種と連携して仕事を行っている。

街は、土地所有者等の権利者のほか、その街に居住する人、働いたり学んだりする人、来街する人など、さまざまな人が関わっている。そして実際にまちづくりを進めるときは、こういった地域の人と意見交換するほか、専門家であるコンサルタントに業務を委託したり、大学の先生のアドバイスを得たりしながら進めている。

市役所はその総合司令塔として、まちづくりの具体的な施策を立案し、事業を実施し、最終的に市民の満足度を高めていかなければならない。市民から集めた税金を使い、まちづくりを進めることは、その都市の将来に責任を持つことでもある。そのために、チームとして行動し、都市の将来を議論し、政策や事業としてまとめ、関係者の合意を取り、実践としてのまちづくりを丁寧に進めなければならないが、時に大胆な変革とスピードも求められている。

大きな国の方針や周辺他都市と調整しつつ、都市としての進むべき方向性と具体的解決策を示すと同時に、市民や企業と一緒になって試行錯誤しながら都市課題を解決していけるのは、政令指定都市が県レベルの調整能力と、市町村レベルの機動性の両方を合わせ持つからである。だからこそ、人口減少、超高齢化社会という新たな局面を迎えるなか、政令指定都市には、時代をリードし他都市の手本となるべき施策展開が求められている。

秋元康幸 あきもと やすゆき ／ 1958年生まれ。早稲田大学理工学部建築学科卒業後、横浜市に入庁。都市デザイン室長などを経て、現在、温暖化対策統括本部環境未来都市推進担当部長。横浜市立大学、日本大学非常勤講師。バイト経験／家庭教師等。週休／2日。休日の過ごし方／旅行、街歩き、美術館巡り。

市区町村の仕事
〈特別区〉

特別区とは東京二三区のことで、各区は住民に最も身近な基礎的自治体である。政令指定都市の行政区とは異なり、区長公選制、区議会、条例制定権、課税権などを持っている。特別区では、採用試験、研修、人事交流、管理職選考などを共同で行っているため、二三区の職員になるには、まず特別区の試験に合格し、その後、各区の採用面接に受かる必要がある。

区役所の仕事そのものがまちづくりだ。その仕事は五つの領域（企画総務、区民生活、保健福祉、都市整備、教育）に分かれており、ハードを中心としたまちづくり（世田谷区ではそれを「街づくり」と書いている）に密接に関わるのは都市整備領域である。また、街づくりに主に携わる職種は土木、造園、建築、機械、電気といった技術職である（私は建築技術職として世田谷区に採用された）。採用や人事異動では、本人の希望と適性などを考慮して配属先が決定される。

私の経験した仕事を大まかに分類すると①啓発事業（景観イベントの企画等）、②ルールや仕

ある一日の流れ

5:00 起床⇒家事・朝食⇒ **7:15** 出発⇒ **8:00** 登庁⇒事業者打ち合わせ、書類決裁、課内打ち合わせ、議会対応準備⇒ **18:30** 退庁⇒ **19:15** 帰宅⇒家事、夕食、息子の音読聴く、入浴⇒ **23:00** 就寝

働き方満足度★★★★☆　収入満足度★★★★★　生活満足度★★★★☆

組みづくり（福祉のいえ・まち推進条例（当時）の整備基準作成、街づくり条例の改正等）、③審査指導（狭あい道路の拡幅整備の事前協議、法令に基づく申請書等の審査や検査）、④窓口での情報提供（都市計画や道路・建築の情報）などである。この他にも公共施設（建築物、道路、公園等）の設計・工事・維持管理、違反建築の取り締まり、耐震化の促進、空き家対策、街づくりや道路事業での用地買収など多様な仕事がある。現在は自然エネルギーの活用による自治体間連携等を担当している。

各部署間で調整が必要な事項は会議や打ち合わせを行う。さまざまな部署を経験し、庁内での役割分担がわかり、人的つながりが増え、調整がスムーズにできるようになると、仕事は一層面白くなると思う。色々な仕事を経験してみたい人にはおススメだ。

部署や役職により仕事の相手は、住民、建築・土木の専門家、一般企業、他自治体や官庁、議員など色々で、立場によりまちづくりに対する考え方もさまざまだ。丁寧な説明、情報共有、合意形成、説得が大切なのはもちろん、組織で仕事をしていると、諦めや妥協が必要な時もある。

「まちづくり」は、ハード整備だけで終わらないし、行政だけでは進まない。住民との協働、ソフトのまちづくり（保健福祉領域や区民生活領域）との連携、また公民学連携も今後ますます重要になってくるだろう。二三区が大好きで、多様な人と接しながら、まちの課題解決に取り組みたいという人はぜひ特別区の門を叩いてほしい。

清水優子 しみず ゆうこ ／ 1970年生まれ。世田谷区環境総合対策室エネルギー施策推進課長。早稲田大学理工学部建築学科卒業、同大学院修了。1994年入庁、2016年より現職。共著に『住み続けるための新まちづくり手法』。バイト経験／都市計画コンサル、家庭教師等。週休／2日。休日の過ごし方／息子のサッカー応援。

市区町村の仕事〈地方都市〉

地方都市の市町村の都市計画行政分野は広範にわたる。市街地再開発、土地区画整理、公園整備、都市計画道路、居住対策、高速道路関係等が対象となり、これらの計画策定から事業化に加えて、当然、公務員であることからコンプライアンス業務として、都市計画法、建築基準法、都市再開発法、景観法、都市再整備特別措置法等に関連した許認可の業務がある。山形県鶴岡市都市計画課の場合は、都市計画係、公園緑地係、管理係の三係一八名体制であり、事務系職員が一五名、技師系職員が三名。建設部の他課に土木課と建築課があり、土木技術採用と建築採用職員の大半はいずれかに属する。本市では都市計画技術採用はないので事務・技術系を問わず都市計画のスペシャリストを養成している。

職業としての地方都市の都市計画行政は実にやりがいがある。いわゆる、街がつくれる。子どもに「ここはパパが造った街だよ」と誇れる仕事はそうそうあるまい。しかも計画・設計・施

ある一日の流れ

7:00 起床⇒ 8:00 登庁⇒メール・決裁⇒庁内観光プロジェクト会議（内部）⇒企画書作成⇒ 13:00 食事⇒開発現場立会い（外勤）⇒公園整備協議会議（外勤）⇒ 18:00 課内業務相談・打ち合わせ⇒事務決裁⇒メール返信⇒ 21:00 退庁⇒ 21:30 食事⇒ 22:00 風呂、読書⇒ 24:00 就寝

働き方満足度★★★★★　収入満足度★★⯪☆☆　生活満足度★★★★★

工・管理・運営までのすべてに携われるのはクライアントであると同時に、都市コーディネーターともなる地方公務員しかおるまい（当然、住民やそれぞれの分野の専門家との協働の上でつくり上げられていくが）。本市のまちづくりは一九八六年から早稲田大学との協働のもと、都市計画マスタープラン、景観計画、中心商店街再生プロジェクト等を住民参加型のワークショップ手法によって実践してきた。さらに醍醐味の一つとして、まちづくりのシステムをつくることもできる。密集住宅地の空き家、空き地対策を行政主導の大規模な再開発事業や土地区画整理事業に拠らずに、住民から空き家や土地の寄付・低廉売却を受け、これらを時間をかけながら連鎖的に再生させていく「ランド・バンク事業」は、まさに地方都市ならではの発想で、大学、不動産関係団体、行政が三位一体で開発したものであり、現在はＮＰＯが運営し、国土交通省のモデルともなっている。

美辞麗句を並べてしまったが、反面、やりがいと比例して苦労も大きい。住民との困難な交渉、ゼネコンとの調整では建築、土木の専門知識も多いに学ぶし、議会対応までこなす。昨今、安定志向での公務員人気は高いが現実は楽なものではない。建築課時代は右手で市営住宅の便槽のクラック点検、左手では大学教授とまちづくり論を語った。当課にはシミュレーションゲームの「シムシティ」が好きで都市計画課に入庁した職員がいるが、そんな夢を持つ行動力のある若者がうってつけだ。市町村は楽しい。何しろ「事件は現場で起きる」のだから。

早坂進 はやさか すすむ ／ 1961 年生まれ。山形県鶴岡市役所建設部都市計画課長。専修大学商学部卒業後、市役所入庁。バイト経験／英会話講師から歌舞伎町の呼び込みまで多岐。週休／２日（一応）。休日の過ごし方／アウトドア・スポーツ。

地方議員

地方議員とは、四年に一度の選挙によって選ばれる地方自治体議会の議員である。自治体の規模によって、仕事内容、報酬等には差があるが、住民の声を代表して、「自分たちの町は自分たちでつくる」という地方自治の精神の実現のために、政策選択や条例の制定などを行うのが主な仕事である。行政の事務執行の仕組みや議会での決定の過程には、市民からはわかりにくいところも多いので、議員には、市民と行政、市民と議会の間の通訳のような役割も求められる。また議員は、本当に変える必要があると感じた時は法律を変えていくこともできる。法を守り、安定した民生の実現を目指すことが第一の役割となる官僚、地方公務員との違いもそこにある。

議員になるためには、選挙という関所を越えなければならない。地方議員に立候補できる年齢は二五歳以上で、立候補する選挙区に三か月以上の居住実績が必要となる。当選すると、公式の会議以外にも自主的な調査や研修、住民の方々との話し合い、現場の調査など、非常に多忙な

ある一日の流れ

6:30 頃起床⇒ **8:00** 過ぎに議会等へ。会議に参加。⇒調査、研修、地元の会合等への参加、相談事への対応等⇒帰宅（時間はまちまち）⇒食事の支度等の家事⇒記録の整理、翌日の会議等の準備⇒ **24:00** 頃就寝

働き方満足度★★★★☆　収入満足度★★★★☆　生活満足度★★★☆☆

日々となる。しかし、議決の場での発言、政策提案は想像以上に重みを持つ。

なお、議員には、退職金や年金等の制度はなく、地方議会では産休等を制度的に定めている議会もごく少数だ。ただ、産休の条例化に踏み切った新宿区議会が話題となったように、若い女性の当選も増えているので、産休等も急速に普及すると思われる。

かつてはその地域の有力者が地方議員を務めることも多かったが、地方分権が進むにつれ、さまざまな分野の方が選挙にチャレンジし、実際に議員として活躍する例が増えてきた。地方議員の場合は選挙の規模が小さいこともあり、国会議員選挙のように強い組織や資金力がなくても、仲間との努力で当選する可能性は高くなる。また、地方議員選挙より狭き門となる首長選挙でも、マニフェスト選挙などで劇的な当選を果たし、自治体を変えつつある若い首長も増えている。

議会を活用しての政策実現には、市民との協働作業が不可欠である。勉強会、チラシでの報告、陳情・請願などの活用、SNSも威力を発揮する。しかし、国会議員選挙、首長選挙、地方議員選挙にチャレンジした自分の経験からは、選挙の規模が大きくなるほど、その信念や大切に思う政策についても妥協を迫られ、苦しむ場面が増える。

それでも、理想に向かって努力を続けていくことが必要である。議員という職は、重い責任を持つ大事な仕事だ。だからこそ、四年に一度、落選して失職するリスクを負ってでも引き受けるだけの大きなやりがいを感じる。とりわけ地方議会はいま、新たなステージへ向かっている。

横山すみ子 よこやま すみこ／1942年生まれ。神奈川県葉山町議会議員。都立日比谷高校卒業。衆議院速記者。衆議院退職後、消費者活動・地域活動等を経て、町会議員になる。週休／不定休。長期の休みはほとんど取れない。休日の過ごし方／家事、美術館、博物館など。

信用金庫

日本各地には地方銀行や信用金庫等のように、地元の企業や住民のために金融サービスを提供する金融機関がある。地方銀行は株式会社であるが、信用金庫は協同組織金融という形態をとっている。昭和初頭の金融恐慌時に、銀行からお金を借りられなくなり、困った地元の有志が出資してつくったのが協同組織金融である信用組合（一九五一年の信用金庫法の施行により一斉に信用金庫に転換）である。相互扶助を基本理念とした非営利法人であり、生協やＮＰＯとも近い存在と言える。信用金庫の仕事は預金、融資、為替等の金融業務はもちろんのこと、地域に暮らし事業を営む人々を支え、地域を繁栄させることで、地域活性化に貢献することである。

信用金庫に就職する動機は、中小企業支援をしたい、地域に貢献したいといったものが多い。地域の中で安定している就職先でもあり、親御さんにも安心され、転居を伴う転勤はまずないといった側面もある。それゆえ、地域でのボランティア活動等プロボノとして活躍することも可能

ある一日の流れ

4:30 起床、瞑想⇒ **5:30** 家族との会話、朝食⇒ **6:30** 出発⇒ **7:30** 出社、社内回遊⇒ **8:00** 担当会議⇒ **10:00** 自治体の会議への参加⇒ **11:30** 部下とランチミーティング⇒ **13:00** 地域のさまざまな主体との面談・情報交換⇒ **18:00** 退社⇒ NPO 等との情報交換会参加⇒ **21:00** 終了⇒ **21:30** 帰宅⇒妄想⇒ **23:00** 就寝

働き方満足度★★★★★　収入満足度★★★★★　生活満足度★★★★★

だ。社員教育や福利厚生にも手厚く、まじめにこつこつと仕事を行うといったイメージも強い。

信用金庫に入庫（入社）すると、地域の事業所や個人の皆さんから金融のことはもちろん、販路拡大や事業承継等さまざまな課題を伺う。たとえば、建設業の経営者と工事の発注状況を話した後、食品加工業者を回って地元農家とのマッチングを行い、カフェを立ち上げたい起業家の資金の相談に乗る。住宅ローンの手続きをしながら、相続の相談に乗ることも多い。毎回真剣勝負。一人何役もこなす舞台俳優になったような感じだ。

地方創生に向けたさまざまな動きのなかで、信用金庫は地元に密着した地域活性化を行っている。市町村の総合戦略推進会議などへの参加はもちろん、企業と大学の研究をつなぎ合わせて新事業を創出したり、事業所とシニア人材のマッチング会を開いたりすることが、地域経済の活性化の一助となる。また、自治体とＮＰＯ、市民とのつなぎ合わせは、双方の立場を理解し、関わりが深い信用金庫だからできること。すぐには結果は出ないが中長期的には非常に重要である。さまざまなセクターの方々がコミュニケーションする際の接着剤となるのが、信用金庫の重要な役割である。

地域の将来のために使命感を持ち、どんな舟であろうとも一緒に乗り込み、ともに泣き笑いしながら素敵な未来へ邁進することこそが、信用金庫の仕事の醍醐味である。

長島剛 ながしま つよし ／ 1964 年生まれ。多摩信用金庫価値創造事業部部長。法政大学大学院社会科学研究科卒業。バイト経験／旅行会社で添乗員。週休／２日。休日の過ごし方／パンづくり＆日曜大工。

支援財団

支援財団、あるいは助成財団とは、企業や個人などが拠出した資金を基に、その運用益を研究や事業へ提供することを通じて、社会的使命を達成することを目的に設立された組織である。時代に応じてどの分野のどのような人や組織に助成するかを検討し、適切な助成先を選び、助成先が成果をあげるのを支援する。それぞれの仕事は、財団単独で行うのではなく外部の専門家や現場で活動する人とともに進めていく。事務所で助成を希望する人から企画が提案されるのを待つだけでなく、現場を訪問し、現場のニーズに即し、一歩先を見据えて助成の内容を常に進化させることが求められる。職員の背景は、大学の研究者だった人、金融機関の職員、NPO／NGO職員など多様である。スペシャリストであると同時にジェネラリストであること、幅広い分野への好奇心が必要である。また、助成した事業が成果を出すために、他のリソース（情報や人）をつなぐことも必要だ。まちづくりのように特定の地域を対象とした活動の場合、他地域、他国、

ある一日の流れ

5:30 起床⇒朝食準備、洗濯⇒家族と朝食⇒ 9:00 出勤⇒助成対象者からの問い合わせメール等への対応⇒応募相談者と面会⇒打ち合わせ・書類作成⇒ 16:00 退社（育児時短勤務）⇒夕食・子どもの宿題の確認等⇒ 22:00 就寝（月２回程度日帰り、１泊程度で助成対象者への訪問）

働き方満足度★★★★☆　収入満足度★★★★☆　生活満足度★★★★☆

他分野の事例や実践者を紹介することが、新たな展開につながることがある。

こうした一連の実務を担う職種を「プログラムオフィサー」と呼び、アメリカでは、一万人を超えるプログラムオフィサーがいる。日本では、職業としてあまり定着しておらず、資金提供元である企業からの出向者がこうした実務を担っている助成財団も多い。

東日本大震災以降まちづくりなどの事業に対する助成を行う助成財団も増えているが、日本の助成財団は、伝統的に学術研究への助成を行う財団が多く、中でも科学・技術分野への助成が多い。そのようななか、近年、助成財団の新しい流れとして、各地で地域に根ざした「コミュニティ財団」が誕生している。コミュニティ財団は、個人や企業から寄附を集め、特定の地域内の課題解決に取り組む人や組織へ資金を提供する。あいちコミュニティ財団、京都地域創造基金、地域創造基金さなぶりなど全国におよそ一五のコミュニティ財団があるといわれている。特定の地域で事業を行うため、顔の見える関係を構築しやすい。ビール一杯につき一定額を寄付するカンパイチャリティー、祇園祭ごみゼロ大作戦など、市民が気軽に寄附できる仕組みづくりなど各地で多様な取り組みが行われている。アメリカの全米財団評議会は、コミュニティ財団の役割として、①資金助成、②資金形成（寄付集め）に加え、③地域社会におけるリーダーシップを挙げている。資金の仲介を超えて、地域課題解決のコーディネーターとして位置づけられる存在であり、現場でまちづくりに取り組む人の心強い伴走者だ。

喜田亮子 きだりょうこ／1975年生まれ。公益財団法人トヨタ財団プログラムオフィサー。桜美林大学中国語中国文学科卒業後、トヨタ財団記念事業「中国古代漆器展」担当として財団法人トヨタ財団（当時）入職。研究助成、広報担当を経て現在国内助成プログラムを担当。全国の地域づくり活動への支援を行う。バイト経験／家庭教師・中華料理屋。週休／2日。休日の過ごし方／子どもと遊ぶ。

まちづくりベンチャー

新しい仕事探し

日本仕事百貨／ナカムラケンタ

あきらめたから気づいたこと

何かをあきらめるというのは、本来はネガティブな意味で使われる言葉かもしれません。でもぼくはあきらめたから、今にたどり着いたように思うのです。学生時代は建築家を目指していました。はじめは順調だったものの、デザインだけでは自分の思いが実現できないと考え、建築をあきらめて不動産会社に就職します。ところが働きはじめて二年経つ頃に「このままでいいのか？」とモヤモヤするように。そんな思いを解消するために、仕事の後とあるバーに通うようになります。多いときは週六日通いました。なぜなら当時は週一日お休みだったからです。カウンター席に座って、意識がぼんやりとするまで飲む。なんでもとことんやってみると、見えてくることもあります。その日もカウンター席で飲んでいると、ふと疑問が湧いてきました。「なぜこんなにもバーに通うのだろうか」。そもそもお酒が好きというわけではありません。あまり飲めるほうではないので、すぐに酔っ払ってしまいます。ふと浮かんだその疑

ある一日の流れ

8:00 起床⇒トレーニング後出社⇒打ち合わせ①⇒打ち合わせ②⇒原稿作成⇒打ち合わせ③⇒ **20:00** 退社⇒夕食⇒ **25:00** 就寝

働き方満足度★★★★★　収入満足度★★★★★　生活満足度★★★★☆

問を、カウンターに座りながらぼんやりと考える。食事やお酒も美味しいけど、それだけではない。居心地のいいインテリアだけれども、それが一番の理由ではない。そんなときに思いついたのが「バーテンダーや常連さんに会いに行っているんだ！」というものでした。つまり、人が目的だったのです。

生き方を紹介する求人サイト「日本仕事百貨」

ぼくはオープニングが一番盛り上がるような場所がとても苦手でした。有名デザイナーを起用した最新のプロジェクト。オープニングパーティーでは業界人のような方がたくさん集まり情報交換。オープンするや否や、あらゆるメディアに取り上げられて人が集まってくる。でもその勢いは次第に収まっていき、閉店してからはじめて残念に思う人たち。ぼくが好きなのは、何度も通ってしまう場所。そしてそういう場所に欠かせないのが人なのです。会いたい人がいるから通ってしまう。

そういう場所をつくるにはどうしたらいいのか。そう考えて生まれたのが求人サイトである日本仕事百貨（http://shigoto100.com/）です。その場所に合った人が働いていれば生き生きと働くだろうし、そういう人がいる場所はいい場所になると思ったからです。一つ一つの職場を訪ねて、働いている方々に話を伺います。大変なところを含めて、そのままを記事にしようとしています。ありありと人の顔が思い浮かんでくる記事を書くことを大切にしています。どんな仕事を紹介しているかというと、一冊ごとに自分好みのノートがつくれる文房具屋「カキモリ」、木桶職人がいなくなってしまったので、自分たちで木桶をつくりはじめた「ヤマロク醤油」などなど。北海道から沖縄まで、

ナカムラケンタ／1979年東京都生まれ。編集者、実業家。日本仕事百貨代表。明治大学大学院建築学専攻修了。シゴトヒト文庫ディレクター、グッドデザイン賞審査員、しごとバー監修、popcorn代表。著書に『シゴトとヒトの間を考える（シゴトヒト文庫）』。バイト経験／銀行、NHK。週休／2日。休日の過ごし方／トレーニング。

地域で働く仕事も人気です。そのほかにもいろいろな生き方・働き方を紹介する本のレーベル「シゴトヒト文庫」や、いろいろな職業の方に一日バーテンダーをしていただいている「しごとバー」など、いろいろなプロジェクトを立ち上げました。

最近は誰もが映画を上映できる「popcorn」というプロジェクトをはじめようとしています。このアイデアを思いついたのは、日本仕事百貨の採用面接でのことでした。今回の求人をあきらめたらどんな仕事をしたいのかよく聞きます。そのとき面談にいらっしゃったのが、とても映画が好きな方でした。映画の勉強もしていたほどで、映画を仕事にしたらいいのでは？　と話したら「あくまで趣味でいい」とのこと。確かに映画を仕事にすることは簡単ではありません。でも「自分の好きな映画を紹介できたらとてもうれしい」とおっしゃるのです。そこで考えたのが小さな映画館をつくること。けれども簡単なことではありません。そしたら自分のお店をつくって、ときどき自主上映会をするのはどうだろう？　という話になりました。ただ、それも大変なことがわかります。そもそも自主上映できる映画を探すのが困難だし、もしできたとしても一回の上映費用がとても高いことがわかりました。popcornはそんなハードルを下げて、誰もが映画を上映できる仕組みをつくるものです。これによって、さまざまな自主上映の形を発明してほしいと願っています。たとえば、ロケ地で上映したり、映画にちなんだ食事を上映後に一緒にいただいたり。二〇一六年の夏以降、サービスを開始する予定です。

顔の見える場所をつくりたい

ほかにもいろいろな仕事をしてきましたが、すべてに共通することがあるように思います。それは顔の見える場所をつくること。建築はあきらめたけれども、本当にやりたいことはあきらめていなかったのかもしれません。日本仕事百貨もインターネットという巨大な都市のような場所に、ささやかではあるけれども顔の見える求人サイトをつくりました。そういえば、この前母校の建築学科のシンポジウムでお話をさせていただきました。タイトルは「建築家をあきらめて」。まさか建築家をあきらめた話を建築学科でさせていただけるとは。時代は変わります。自分の思いに正直に、ときには何かをあきらめてみたり。これからもそんなふうに生きていこうと思います。

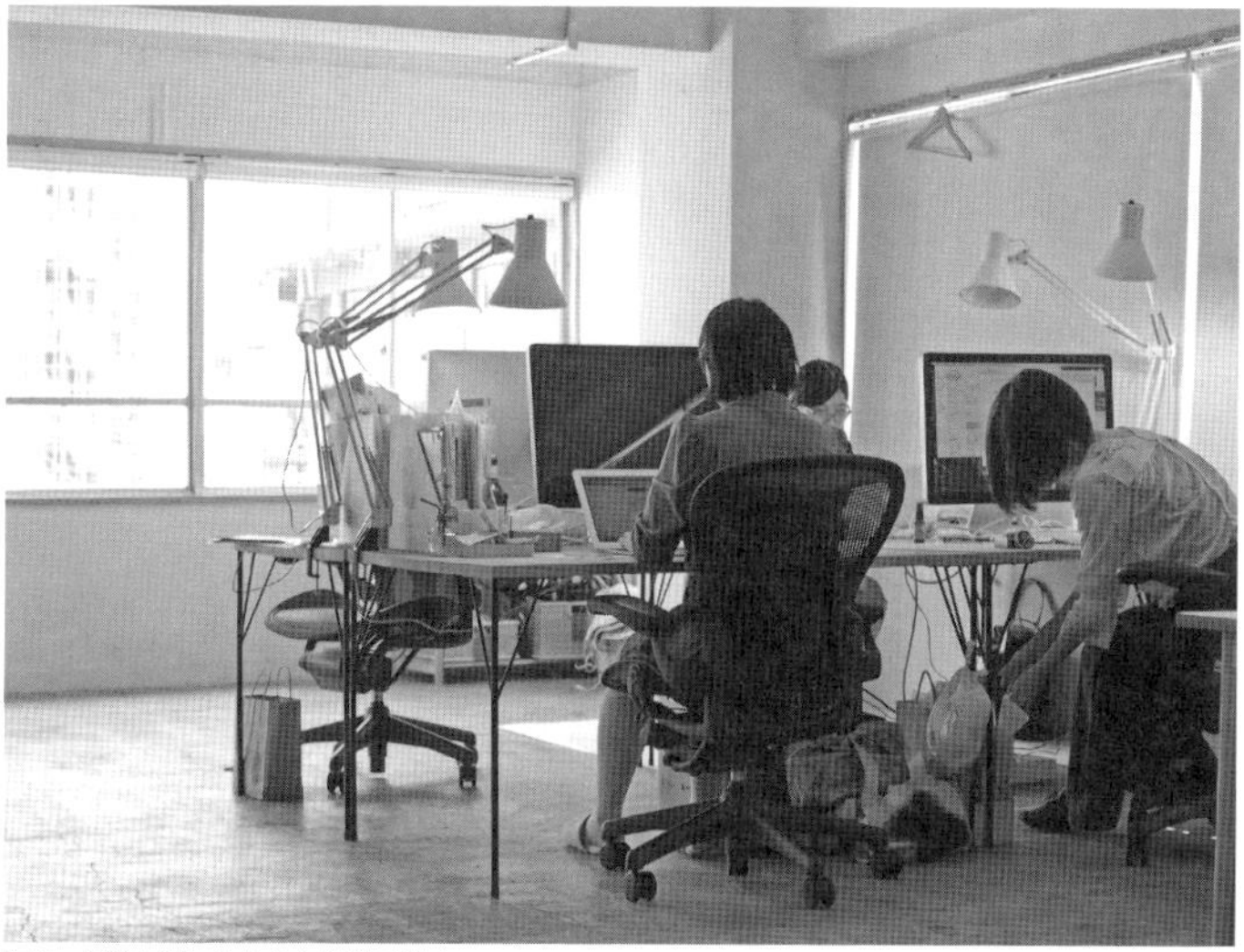

東京・清澄白河にある日本仕事百貨オフィス

まちづくりベンチャー

挑戦する中間支援NPO

NPO法人いわてNPO-NETサポート／菊池広人

地域の実践者を支える仕事

「中間支援NPO」とは、まちづくり・地域づくりの実践者を支えることで、豊かな地域の構築につなげる組織である。資金獲得や他セクターとのマッチング、制度活用支援等の直接的支援から、地域のさまざまな市民活動団体、企業、行政等がより効果的に活動を進めるための仕組みづくりまで、その業務はさまざまである。

夢の転換期

私は、岩手県盛岡市出身。中学生、高校生のとき考えた将来は「スポーツ分野で身を立て、岩手で生まれ、暮らしてよかったと思う人をスポーツの力で増やすこと」。その夢を実現するために、早稲田大学人間科学部スポーツ科学科（当時）に入学し、スポーツ選手を支え育成するトレーナーとしての勉強を重ねていた。

転換期は大学三年生で訪れた。所属していた体力科学研究室で地域住民を対象としたウォーキングプログラムが実施され、お手伝いを担ったのだ。これまで学んできたことが、高齢者の生活を直接

ある一日の流れ

4:30 起床⇒**5:00** デスクワーク⇒**9:00** 健康づくり教室講師⇒**11:30** 沿岸地域へ移動（途中、昼食）⇒**13:00** 災害公営住宅のコミュニティ支援打ち合わせ⇒ **15:00** 高校の地域課題解決プログラムコーディネート⇒ **17:00** 内陸へ移動⇒**18:30** NPO の仲間と飲む⇒**22:00** 就寝

働き方満足度★★★★★　収入満足度★★★★☆　生活満足度★★★★★

的に豊かにすると実感し、以降、ウォーキング教室の運営、自主的なサークル化、学生による支援組織の構築等を行った。その年の秋には、早稲田大学と所沢市が協働で運営支援を行う「所沢市西地区総合型地域スポーツクラブ」の事務局も担当、運動指導と一緒に、事務局人生もスタートした。

その後、東京でトップアスリートのセカンドキャリア構築を目的としたスポーツNPOの職を経て、二〇〇七年に岩手県北上市にUターンし、地域の中間支援NPOである「いわてNPO－NETサポート」の事務局として活動を開始した。

チャレンジし続けるNPO

私たちの仕事である中間支援組織とは、どのようなものなのか。私が大切にしている言葉がある。二〇〇八年にIIHOE（人と組織と地球のための国際研究所）代表の川北秀人氏からいただいた「NPOは一歩先を見て、〇・五歩先のことを実践する。中間支援組織はそのさらに一歩先を見ないといけないので、二歩先を見て、一・五歩先を実践する」という言葉である。

この言葉がバックボーンになり、「常に先を見てチャレンジする」「ノウハウを整理し、地域づくりの主役である実践者が活躍できる環境をつくる」「他の人ができることは行わない」という、今の活動のスタイルができた。

つまり、中間支援NPOとして最も大切なのはチャレンジし続けられること。自分たちで機会を独占するのではなく、より多くの実践者が機会を得られるように、とにかく周りを巻き込み突き進むということが、この仕事の醍醐味である。

いわてNPO－NETサポートは、この姿勢を大切にし、北上市との協働で、市民活動支援の仕

菊池広人 きくち ひろと／1978年生まれ。いわてNPO-NETサポート事務局長。東北学院大学地域共生推進機構特任准教授。バイト経験／学生の頃から地域コミュニティ、NPO 等で活動。その他、フィットネスクラブ等。週休／1.5日。休日の過ごし方／現在は授業やイベント等のお仕事がメイン。たまに草野球。

組みづくりや、市の総合計画等への市民参加、景観づくり等の実践段階での協働推進等、さまざまな活動を実施してきた。

復興支援

そして、この姿勢とこれまでの取り組みは、東日本大震災での復興支援活動でも機能した。

北上市は岩手県沿岸地域から車で九〇分程度の距離にあり、多くの避難者の受け入れや、沿岸自治体の支援が急務であった。この状況のなかで、二〇一一年六月には、北上市、北上市社会福祉協議会、北上雇用対策協議会、いわて連携復興センター、黒沢尻北地区自治振興協議会と、「きたかみ復興支援協働体」を組織し、それぞれの活動の共有のほか、それぞれの団体で行いきれない避難者のコミュニティづくり等の案件を、協働体独自の事務局が推進する仕組みの構築に至った。

また、大船渡市、大槌町では、北上市が岩手県から補助を受け、被災自治体の代わりに地元住民を雇用し、仮設住宅における見守り支援、コミュニティ支援を行う「仮設住宅支援事業」も立ち上げた。二〇一六年現在、各自治体が状況にあわせ、仮設住宅の見守りや住宅再建支援、災害公営住宅のコミュニティ支援等の活動を実施している。

この二つの取り組みにおいても、さまざまなＮＰＯ、企業、研究機関の協力を得ながら進めており、震災前からとにかくチャレンジを前に進めるためいろいろなセクターの方々とともがいてきたことが、そのときに必要な取り組みを実現することにつながったと考える。

地域になくてはならない組織を目指して

中間支援ＮＰＯの個性は、「地域のために長期的視点に立った仕事ができること」。行政は異動があり、継続性を担保することは難しい。民間コンサル企業は、やはり委託等の仕事ベースでないと活動が難しい。長期的視野を持ち、今必要なことにチャレンジし続けられる私たちには、新しい情報が常に入り、経験とノウハウが蓄積され、地域にとって「なくてはならない組織」にさらに成長できるはずである。「思いと活動」を地域へ先行投資できる中間支援ＮＰＯだからこそ、地域の未来にコミットでき、かつその先行投資が地域のネクストステップにつながることで、私たちも信頼を得て、これまで地域に存在しない事業が生まれ、収入を得ることができる。

常にチャレンジし続けられるための仕組みの中で、チャレンジし続けられる若者がこれからさらに増えることを期待している。

小学校での景観学習（筆者撮影）

まちづくりベンチャー

市民活動と市議の両立

NPO法人AKITEN・八王子市議／及川賢一

コンサルタントから市議へ

私は八王子市議会議員を無所属で二期務めながら、NPO法人AKITEN（http://akiten.jp/）の代表として、空きテナントを活用したアートイベントをはじめとした地域活性化事業を展開している。

当初は民間の立場から地方活性化や地方自治体の運営に関わりたいと考えてコンサルティング会社に入社したが、より直接的な行政運営に関わりたくなり市議会議員の職に就いた。

市議会議員になるためには四年に一度の選挙に当選する必要があるため、一般的には目指しにくい職業だと思われているかもしれないが、自分自身を商品とした営業活動だと捉えてみると、会社員として自社の商品を売り込むよりも勝手がきく分やりやすいというのが私の実感である。

日々の業務も、政策をつくって議会で提案したり、地域活性化のプロジェクトを運営していくなど、コンサルティング会社の社員としてやっていたことと大きく変わらない。

ある一日の流れ

7:30 起床⇒ 9:30 登庁⇒議会⇒ 17:30 退庁⇒ 18:00 打ち合わせ⇒ 20:00 カフェで資料作成⇒ 22:30 帰宅⇒夕食・メール対応⇒ 26:00 就寝

収入満足度★★★★★　働き方満足度★★★★★　生活満足度★★★★★

何より、コンサルティング会社で身につけたプロジェクトマネジメントのスキルは、市議会議員を務めながら、地域活性化事業などの複数のプロジェクトを効率的に運営していくうえで、大いに役に立っていると実感することが多い。

政治家とNPOプレイヤーとの両輪

市議会が開催されていない期間は、NPOや任意団体での活動を通じて積極的にまちづくりの現場に出ていき、そこで出てきた課題や課題解決に向けたアイデアを、政策のレベルまでつくり上げて議会で提案するようにしている。

現場でプレイヤーとしてまちづくりに関わりながら、議会で政策提案もできるというのが、この仕事の面白さである。

現場での主な活動としては、空きテナントを会場としたアートプロジェクトやファーマーズマーケットなどのイベント開催、空きテナントの活用方法を検討するワークショップなどを行っている。

AKITENは私の他、六名のクリエイターで構成される。活動を始めたきっかけは、八王子市内の空きテナントが増加していることを問題視したことにあるが、まちづくりの問題提起や市民協働に向けた市民のモチベーション向上という点で、アートプロジェクトやワークショップというのはとても有効なアプローチだ。

政治家として言葉で訴えるよりも、アーティストやクリエイターが作品を通じて視覚的、感覚的に訴えかけたほうが、人々の心に伝わりやすく、空きテナント活用に向けた行動を喚起しやすいのである。

アートを活用した空き店舗再生

これまでAKITENの活動に関わってくれた

及川賢一 おいかわ けんいち／1980年生まれ。八王子市議会議員、NPO法人AKITEN代表。東京都立大学大学院経営学修士課程修了後、ソニー㈱、㈱メディオクリタスを経て、友人と八王子市内にカフェWを共同設立。2011年より八王子市議会議員。バイト経験／塾講師。週休／不定。休日の過ごし方／都市見学。

クリエイターたちは、それぞれがさまざまな方法で空きテナントを彩り、普段誰も入ることのなかった空きテナントに多くの来場者を集めてくれ、二年、三年と活動を継続していくにつれ、AKITENをきっかけにテナントの入居が決まるという事例も増えていった。

一方で、アートプロジェクトやワークショップは、それ自体を解決策として機能させるのが難しく、活動の規模や影響力も限られるため、まち全体に関わるような大きな問題を解決する場合には、予算や条例など、行政と一緒に解決していくことが必要となってくる。

現場から政策提言へ

以前、AKITENで使用した市街地の空きテナントを、障がい者と障がいのない人が交流できるような福祉施設として活用したいという相談を受けたことがあった。

しかし、障がい者福祉施設は東京都のバリアフリー条例によってその建築内容が厳しく規制されており、既存の空きテナントでそれらの施設を運営しようとした場合には、エレベーターの設置や通路の拡張など大掛かりな工事が必要となるため、容易につくることができなかった。

そこで車いすを必要としない利用者が使用する施設や、身体以外の精神や知的障がい者が利用する施設などでは、建築物バリアフリー条例の規制を緩和するよう市議会で提案した。そして、二〇一六年六月から八王子市は東京都で初めて、建築物バリアフリー条例に対する市独自の取り扱い方針を定め、これまでの規制を緩和し、空き家・空きテナントを活用した福祉施設の設置を促進することになった。

もちろん私の提案はきっかけの一つにすぎず、行政側の努力あってこその施策の実現であるが、少なくとも私がこの提案をするに至ったのは、空きテナントの活用に向けた活動に取り組んでいたからであり、現場の活動で知り合った人々から多くのアイデアやヒントをもらったからにほかならない。

さまざまな現場での活動を通じて、まちの目指すべき方向や問題を市民と共有し、そこから生じたアイデアを政策としてつくり上げる。それを議会で提案することによって、市民と行政が同じ方向を向いてまちづくりに取り組んでいけるよう仲介することが私の役割であり、それはより効率的な市民協働のまちづくりに向けた手段の一つになると考えている。

空きテナントに空き地をテーマとした遊び場をつくるプロジェクト「AKITEN PARK」（主催：東京都、アーツカウンシル東京（公益財団法人東京都歴史文化財団）、NPO 法人 AKITEN、後援：八王子市、制作：YORIKO、撮影：鈴木竜馬）

まちづくりのパートナー【医療】

暮らしの保健室

医療分野というと真っ先に思いつくのが病院だろう。ところが病院は少し敷居が高い。日常的に通いたいと思える場所ではないし、通うべきでもないと思われがちだ。しかし、そうやっているあいだに地域の生活習慣病患者は増え続け、高齢者の複合障害は重篤になってしまう。地域の健康づくりを促進し、生活習慣病を予防し、病気を早期発見する。それが大切だと思いつつ、敷居の高い病院がそれを実施するのは難しい。何しろ、病院には「悪くなってから」しか行かないのだから。

訪問看護師の秋山正子さんは、こうした課題を解決するために「暮らしの保健室」を開設した。高齢化率の高い団地の中にできた「保健室」は、何か心配なことがあれば気軽に相談しに行ける拠点である。薬のこと、認知症のこと、介護のこと、医療の専門用語のことなど、わからないことや心配なことがあれば何でも相談できる場所だ。

人口が増えて居住空間を増やさなければならない時代は、都市計画や建築がまちづくりを牽引した。逆に人口が減って高齢化率が高まる時代には、医療や福祉がまちづくりを牽引することになるだろう。なぜなら、この種の課題を扱わずにまちづくりを考えることが不可能になるからだ。今後は、まちづくり分野が保健や医療や福祉からさまざまなことを学び、連携する必要がある。厚生労働省が提唱する地域包括ケアシステムについても、まちづくり分野からの積極的なアプローチがなされてしかるべきだろう。そのとき、「暮らしの保健室」は大きなヒントになるはずだ。（山崎亮）

暮らしの保健室／イギリスの「マギーズ・センター」をヒントに 2011 年 7 月に開設。看護師のほか、3 〜 4 名のボランティアが常駐しており、予約不要・無料で気軽に相談に立ち寄ることができる。60 代以上を中心に、1 日平均 3 〜 5 人が利用。電話での相談も多く受け付けている。
東京都新宿区戸山 2-33 戸山ハイツ 33 号棟 125 ｜ http://www.cares-hakujuji.com/services/kurashi

あとがき

『まちづくりの仕事ガイドブック』いかがだったろうか。六三のまちづくりのプロたちの仕事が熱い言葉で書き綴られていて、一気読みした人は少し外の風に当たりたくなるかもしれない。窓を開けて部屋の外を眺めてみると、あなたの前にはどんな風景が見えるだろうか。大都市の喧騒の中にいる人も、静かな田園が広がっている人もいるだろう。どんな風景の前にいても、あなたにはその風景をつくり整えてきたまちづくりの仕事に従事する人々の思いが重なって見えているのではないだろうか。

本書ではさまざまなまちづくりに関わる仕事を紹介した。まえがきに饗庭伸さんが書いたように、多様化する社会の中、まちの課題とそれらを解決すべく奮闘する取り組みも日々増え続けている。あなた自身が考える課題にあった仕事がこの本の中に見つからなかった人もいるかもしれないが、そんな人はぜひ自らその課題に真っ向からぶつかってみてほしいと思う。その挑戦や失敗が、また新しいまちづくりの仕事をつくり、あなた自身が先人として未開の分野を切り開いていくことになるだろう。

もちろん、学校を出てすぐに一人で新分野に飛び込むのは勇気がいる。幸い、本書に載っているまちづくりの仕事にはどれも共通して「現場」がある。まちに生きる人々や辣腕の専門家たちと膝を付き合わせて議論したり、ともに汗を流したりすることは、大変なことも多いが、ほぼ例外なく楽しい。人々が集まり暮らす場所を「まち」と呼ぶならば、まちの中で、もしくはまちのために働くのはドラマの連続であり、どの職場を選んでもまちづくりの経験値を上げるのに不十分ということはないだろう。

僕がまちづくりの仕事に関わることになったのは極めて偶然である。建築を大学で学んだ後、意匠設計の能力が高い人たちはたくさんいて、僕が進むべき職場ではないような気がしていた。何か建築プロジェクトの川上で働きたいと思いながらもどんな仕事があるのかわからず右往左往していた二〇一一年、東日本大震災が起こり、インターン先の設計事務所オンデザインの西田司さんとボランティアに行くことになった。そこからまちを震災前よりも面白くしようと立ち上がる人々に出会い、復興まちづくりに現場常駐で取り組むことになった。気づけば意匠設計の事務所でまちづくりを担当するスタッフとして五年が経ち、東北だけでなくいろいろなまちのプロジェクトに携わらせてもらってきた。学生時代には想像もしていなかった働き方だが、今ではこれしかなかったとさえ思っている。

もし、当時の僕のように進路に悩み、まちづくりに関わるにはどうしたらいいか迷っている人がいたら、本書を見取り図に一歩を踏み出してほしい。本書に寄稿してくださった方の会社の門を叩いてもいいし、地元のまちを盛り上げている人に話を聞きに行ってもいい。人生を面白くする働き方に出会えるかどうかは運次第。だけれどもそのキッカケを掴んでいくのはあなた自身の手である。世界のどこかのまちづくりの現場で、あなたに会えることを楽しみにしている。

最後に、多忙を極める仕事の中ご寄稿いただいた執筆者の皆様、情熱と誠実さを持って本書の企画編集を行ってくださった学芸出版社の井口夏実さん、神谷彬大さん、本当にありがとうございました。

二〇一六年八月　編者の最若手として　小泉瑛一

編著者略歴

饗庭伸　（あいば しん）

1971年兵庫県生まれ。早稲田大学理工学部建築学科卒業。2007年より首都大学東京准教授。地方自治体の専門スタッフ、中間支援NPOの理事長などを歴任。専門は都市計画とまちづくり。研究室で取り組むプロジェクトの主なフィールドは山形県鶴岡市、岩手県大船渡市、東京都世田谷区など。主な著書に『都市をたたむ』（花伝社）、『自分にあわせてまちを変えてみる力』（共著、萌文社）、『白熱講義　これからの日本に都市計画は必要ですか』（共著、学芸出版社）、『地域協働の科学』（共著、成文堂）ほか。

小泉瑛一　（こいずみ よういち）

1985年群馬県生まれ、愛知県育ち。建築家。横浜国立大学工学部建設学科卒業。（株）オンデザインパートナーズ、（一社）ISHINOMAKI 2.0所属。2015〜16年首都大学東京特任助教。共著書に『建築を、ひらく』（学芸出版社）。

山崎亮　（やまざき りょう）

1973年愛知県生まれ。コミュニティデザイナー、studio-L代表、東北芸術工科大学教授（コミュニティデザイン学科長）。地域の課題を地域に住む人たちが解決するためのコミュニティデザインに携わる。著書に『コミュニティデザイン』（学芸出版社）、『ソーシャルデザイン・アトラス』（鹿島出版会）、『ふるさとを元気にする仕事』（筑摩書房）ほか。

※編著者および執筆者の略歴、肩書は第1版第1刷発行当時のものです。

まちづくりの仕事ガイドブック
まちの未来をつくる 63 の働き方

2016 年 9 月 5 日 第 1 版第 1 刷発行
2022 年 6 月 10 日 第 1 版第 6 刷発行

編著者 …… 饗庭伸、小泉瑛一、山崎亮
発行者 …… 井口夏実
発行所 …… 株式会社 学芸出版社
〒 600-8216
京都市下京区木津屋橋通西洞院東入
電話 075-343-0811
http://www.gakugei-pub.jp/
E-mail info@gakugei-pub.jp
装 丁 …… フジワキデザイン
挿 絵 …… 寺田晶子
印 刷 …… オスカーヤマト印刷
製 本 …… 山崎紙工

ISBN 978-4-7615-1363-4